U0384974

电子通信工程设计与实践研究

葛毓　著

延吉·延边大学出版社

图书在版编目（CIP）数据

电子通信工程设计与实践研究 / 葛毓著. -- 延吉：
延边大学出版社，2024. 9. -- ISBN 978-7-230-07085-0

Ⅰ. TN91

中国国家版本馆 CIP 数据核字第 2024KD1787 号

电子通信工程设计与实践研究

DIANZI TONGXIN GONGCHENG SHEJI YU SHIJIAN YANJIU

著　　者：葛　毓
责任编辑：王治刚
封面设计：文合文化
出版发行：延边大学出版社
社　　址：吉林省延吉市公园路 977 号　　　邮　　编：133002
网　　址：http://www.ydcbs.com　　　　　　E-mail：ydcbs@ydcbs.com
电　　话：0433-2732435　　　　　　　　　传　　真：0433-2732434
印　　刷：廊坊市广阳区九洲印刷厂
开　　本：710mm×1000mm　 1/16
印　　张：12.5
字　　数：220 千字
版　　次：2024 年 9 月 第 1 版
印　　次：2024 年 9 月 第 1 次印刷
书　　号：ISBN 978-7-230-07085-0

定价：78.00 元

前　言

随着科技的飞速发展和社会信息化的深入推进，电子通信技术在现代社会中扮演着越来越重要的角色。电子通信工程设计与实践研究，作为这一领域的关键内容，不仅关乎技术的创新与进步，更直接关系到国家信息安全、经济发展和社会民生。因此，对电子通信工程设计与实践进行深入研究，具有重大的理论价值和现实意义。

电子通信工程设计是一个综合性的过程，它涉及信号处理、数据传输、网络通信、系统集成等多个方面。在实践过程中，工程师们需要充分考虑各种因素，如通信协议的选择、网络架构的设计、硬件设备的配置等，以确保通信系统的稳定性、可靠性和高效性。同时，随着新技术的不断涌现和应用场景的不断扩展，电子通信工程设计面临着越来越多的挑战和机遇。

在科技日新月异的今天，电子通信技术以其高效、便捷的特性，逐渐渗透到社会的各个角落，深刻影响着人们的日常生活和工作。从智能手机的普及到物联网的飞速发展，从云计算的广泛应用到 5G、6G 等新一代通信技术的不断突破，电子通信技术的进步与革新，无疑给人类社会带来了前所未有的交流体验。

这一切都离不开电子通信工程。电子通信工程师不仅要具备扎实的理论基础和前沿的技术视野，更要在实践中不断积累经验、优化方案，确保设计能够转化为实际可行的项目，从而满足用户不断增长的多样化通信需求。

在未来的探索之路上，笔者将持续关注电子通信工程设计与实践的最新发展，不断创新研究思路和方法，为电子通信行业的持续健康发展提供坚实的理论支撑和丰富的实践指导。相信本书的研究能够推动电子通信技术的进一

步发展，为电子通信行业的从业者提供有益的指导和帮助。同时，笔者也期待
与广大同行进行深入的交流和合作，共同推动电子通信工程设计与实践研究
不断取得新的突破和进步。

葛毓

2024 年 8 月

目　录

第一章　电子通信系统

第一节　电子通信系统的
发展历史及一般模型

一、电子通信系统的发展历史

"1906 年 12 月 24 日，圣诞节前夕晚上 8 点钟左右，在美国新英格兰海岸外，在穿梭往来的船只上，一些听惯了'滴滴答答'莫尔斯电码声的报务员们，忽然听到耳机中传来了人的说话声和乐曲声——朗读《圣经》故事和播放韩德尔的唱片，最后祝大家圣诞快乐。报务员们怔住了。他们大声呼叫起来，纷纷将耳机传递给同伴们听，以此证明自己并非痴言梦语……"

这段文字资料记述的是当时行驶在海上的船员们收听到美国科学家费森登（Reginald Aubrey Fessenden）进行的人类第一次无线电广播实验时的情形。从这个具有历史意义的日子算起到今天，无线电广播已经伴随着人们走过了100 多年。

这里所说的无线电广播，其实就是指通过电磁波传播的声音信息。中学的物理课堂上就讲过电磁波产生的原理，即"电生磁、磁生电"的相互转换过程。无线电波以电场和磁场的形式向空中辐射。也就是说，100 多年前的人们就利用电磁波作为载体使人类的声音首次实现了无导线的远距离传播，从而揭开了无线电通信技术的序幕。

当今的电子通信系统已经进入网络时代，互联网已经彻底改变了人们的生产、生活方式。1993年美国克林顿政府提出了一项"永久改变美国人生活、工作、学习以及相互交往方式"的国家信息基础设施建设计划，即通常人们所说的"信息高速公路"建设计划，它实际是一种能够随时为广大用户提供大量信息的网络，是近年来发展的计算机、通信网络、多媒体与数据库发展的产物。

迄今为止，现代电子通信网络的主要通信干线是有线系统，但人们仍然热衷于利用电磁波信号传送信息，完成"最后一公里"的无线接入。现代电子通信系统能够提供更高速、更准确和更高质量的传输技术，最新的无线通信技术成果极大地改变了人们的传统生活方式，对社会进步起着不可估量的作用。

当今的世界已经进入"信息时代"，信息已逐步成为现代社会，特别是21世纪最重要的战略资源，大数据、云计算的兴起无疑是信息资源的综合管理和应用的体现。信息技术是当前社会乃至未来社会生产力的基本要素，不管人们是否意识到，无线电子通信系统仍然是当前发展最活跃、应用最广泛的技术。

我国自改革开放以来，对电子通信技术的发展一直极为重视，以移动、联通、电信为代表的通信运营商正在积极稳妥地进行各种通信干线与公用网、专用网等电子通信系统的基础设施建设，构建的通信网络已使中国通信服务达到世界先进水平。华为、中兴等一批中国电子通信设备制造商已经跻身世界一流行列，我国在电子通信系统的研制、开发、生产、建设和应用等方面均取得了惊人的成就，量子通信等新技术的研究也得到飞速发展。

（一）早期发展阶段

1.静电通信阶段（公元前2000年至1836年）

在这一阶段，人们主要使用烟、宣纸、"之"字形火把等进行远距离通信，这是通信史上最早的阶段。

2.电报通信阶段（1837年至1945年）

1837年，美国人莫尔斯（Samuel Finley Breese Morse）发明了世界上第一

台电磁式电报机，并制定了莫尔斯电码，使电报真正实用化。

1844 年 5 月，莫尔斯在美国发出了第一份电报，实现了长途电报通信，这是人类通信史上的一大变革。

电报技术的出现标志着通信技术的进步，人类开始使用电能进行通信，加快了通信的速度，提高了通信的效率。

（二）近代发展阶段

1.电话的出现

1876 年，美国科学家贝尔（Alexander Graham Bell）发明了第一部电话，实现了声音的即时传递，打破了纸质介质的限制，极大地改变了人们的通信方式。

2.无线电通信技术的发展

1895 年，发明家特斯拉（Nikola Tesla）首次实现了无线电通信，开创了无线通信的时代。

19 世纪末，意大利工程师马可尼（Guglielmo Marconi）发明了具有革命性意义的无线电报，解决了海上通信的难题，并推动了无线电通信的广泛应用。

3.卫星通信的兴起

20 世纪中叶，人造卫星的发射使得卫星通信成为现实，可以跨越国界和大洋，实现全球范围内的信息传递。

（三）现代发展阶段

1.移动通信技术的突破

1973 年 4 月 3 日，由库帕（Martin Cooper）研制成功的世界上第一部手机实现通话。1979 年，美国贝尔试验室研制成功移动电话系统，建成了蜂窝状移动通信网。

随后，移动通信技术不断发展，从最初的模拟信号到数字信号，再到如今的 4G、5G 等，移动通信已经成为人们日常生活中不可或缺的一部分。

2.互联网的普及

20 世纪末，互联网的广泛普及彻底改变了电子通信的面貌。互联网实现了全球计算机网络的互连，使得人们可以通过电子邮件、即时通讯、社交媒体等方式进行免费、高效的通信。

3.光通信技术的飞跃

光通信以超大带宽、长传输距离、高速传输等特点形成了一整套先进的通信技术体系，极大地推动了通信技术的发展。

4.数字通信技术的兴起（2000 年至今）

随着信息技术、移动通信技术的快速发展，通信技术不断地更新换代。在网络技术、智能硬件、移动应用、物联网等众多领域，数字通信技术正成为颠覆性的技术。

当前，电子通信系统正朝着更加高效、智能、安全的方向发展。5G-A、6G 等新一代通信技术的研发和应用将进一步提升网络性能，丰富应用场景，推动万物智联时代的到来。同时，随着人工智能、大数据等技术的不断发展，电子通信系统将更加智能化和个性化，为人们的生活和工作带来更多便利。

二、电子通信系统的一般模型

对于基本的点对点通信系统，可以用图 1-1 所示的一般模型来描述。

图 1-1　通信系统的一般模型

　　信源的作用是将消息转换成随时间变化的原始电信号，原始电信号通常又称基带信号。常用的信源有电话机的话筒、摄像机、传真机和计算机等。

　　发送设备的基本功能是将信源和信道匹配起来，即将信源产生的原始电信号变换为适合在信道中传输的信号。发送设备一般由调制器、滤波器和放大器等单元组成。在电子通信系统中，发送设备还包含加密器和编码器等。

　　信道是信号传输的通道，可以是有线的，也可以是无线的。比如，双绞线、同轴电缆、光缆等是有线信道，中长波、短波、微波中继及卫星中继等是无线信道。

　　噪声源是信道中所有噪声以及分散在电子通信系统中其他各处噪声的集合。主要包括热噪声、外部的干扰（如雷电干扰、宇宙辐射、邻近通信系统的干扰等），以及由于信道特性不理想使信号失真而产生的干扰。为了方便分析，各种噪声通常被抽象为一个噪声源。

　　接收设备的主要任务是从接收到的带有干扰的信号中正确恢复出相应的原始电信号。接收设备的基本功能是解调、解密、译码等。

　　受信者又称信宿，其作用是将接收设备复原的原始电信号转换成相应的消息。

　　通信系统的一般模型反映了通信系统的共性。

第二节 电子通信系统的分类及性能指标

一、电子通信系统的分类

电子通信系统依据信道、信道中信号的形式和信源的不同大致分为以下几类：

（一）有线通信系统和无线通信系统

按照信道或传输媒介的不同，电子通信系统可以分为有线通信系统和无线通信系统两大类。

1.有线通信系统

有线通信系统主要指信道是用线路构成的电子通信系统，其线路主要指明线、对称电缆、同轴电缆、光缆等。随着我国通信技术的不断进步，无线通信技术在通信终端的应用让用户感受到了前所未有的便利，但无线信号接入设备后一般采用有线传输。目前我国长途通信传输干线基本采用以光传输技术为基础的光缆。

其中，明线是指平行而相互绝缘、架在电线杆上的裸线线路，与当前常用的塑胶电缆相比，具有传输损耗低的优点。但容易受气候和天气的影响，并且对外界噪声干扰非常敏感，所以有逐渐被地下电缆或光缆取代的趋势。目前，各大运营商在新建的住宅小区中都采用光纤入户，以保证用户能以足够高的通信速率连接到互联网。

2.无线通信系统

主要利用自由空间或其他自然界的固有传输介质来进行通信的系统称为

无线通信系统，目前利用自由空间的电子通信系统已逐渐成为人们通信的主流，主要有无线电广播系统、微波中继通信系统、陆地移动通信系统、卫星通信系统等，也有借助水来传输信号的无线通信系统，如水下潜艇的声呐系统。

尽管无线通信系统有很多类型，但通信的基本原理和方法仍是调制与解调技术。

（二）模拟通信系统和数字通信系统

根据电信号在通信传输信道（介质）中的存在形式，电子通信系统可以划分为模拟通信系统和数字通信系统。早期的电子通信系统以模拟通信系统为主，现代电子通信系统则主要是数字通信系统。

1.模拟通信系统

在时间和幅度上都连续的电信号称为模拟信号，在信道中传送模拟信号的电子通信系统称为模拟通信系统。在发送端，信源将消息转换成模拟基带信号（原始电信号）。基带信号通常具有很低的频谱分量，一般不宜直接传输，因此常常需要对基带信号进行转换，由调制器将基带信号转换为适合信道传输的已调信号。已调信号常称为频带信号，其频谱具有带通形式且中心频率远离零频，适合在信道中传输。在接收端，解调器对接收到的频带信号进行解调，恢复成基带信号，再由受信者将其转换成消息。

2.数字通信系统

数字信号与模拟信号不同，它是用一种离散的、系列脉冲组合形式来表示数字信息的信号。电报信号就属于数字信号。最常见的数字信号是取值只有两种不同幅度的脉冲信号，分别代表"0"和"1"，统称为"二进制信号"，在信道中传送的是这种数字脉冲电信号的系统称为数字通信系统。例如现代陆地移动通信系统就是数字通信系统，其终端设备就是日常使用的手机。

现在应用的电子通信系统基本上采用的都是数字通信系统，如现代数字有线电视系统，其与传统的模拟有线电视系统相比不仅频道多，而且清晰度高，数字音响系统也比模拟音响系统的音效要好很多。但模拟通信系统的应用比数字通信系统的应用早很长时间，所以模拟通信的理论仍然是现代数字通信系统的理论基础。

模拟通信系统在通信的发展史上曾经占据主导地位。20 世纪 60 年代以来，随着集成电路、超大规模集成电路制造技术的快速发展以及以计算机技术为基础的数字信号处理技术的日益成熟，数字通信技术成为当今世界通信技术的发展主流，大多数的模拟通信设备都已被数字通信设备所取代。尽管在未来的一段时间内，数字通信系统还不能完全取代模拟通信系统，但通信设备的数字化发展方向是不会改变的，这也是由数字通信和模拟通信自身的技术特点所决定的。

（三）语音通信系统和数据通信系统

不考虑系统信道中的信号类型，根据电子通信系统终端所完成的业务来划分，电子通信系统可以分为语音通信系统和数据通信系统。

顾名思义，语音通信系统就是完成语音通信业务的通信系统，而数据通信系统则是以传输文字、图像所转换的数据信号为主的通信系统。从对电子通信系统传输信号的准确性的要求来看，数据通信系统要比语音通信系统严格得多。

语音通信业务曾经是电子通信系统的主要业务，至今仍然有着非常广泛的应用。如固定电话业务、移动电话业务、集群电话业务以及无线电广播业务都属于语音通信业务。语音通信业务始终都是电子通信系统的主要业务之一。

数据通信业务是在计算机技术发展起来之后而得到快速发展的电子通信业务，基于互联网实现的数据通信业务发展方兴未艾，如大家正在广泛使用的支付宝、微信支付等金融业务都是数据通信业务，数据通信系统在实际中的具体应用还有非常大的发展空间。

二、电子通信系统的性能指标

通信的主要任务是快速、准确地传输信息，因此从研究信息传输的角度来说，有效性和可靠性是通信系统最主要的性能指标。在满足一定可靠性的条件下，电子通信系统应尽量提高传输速率，即有效性，或在维持一定有效性的条件下，尽量提高可靠性。

（一）模拟通信系统的性能指标

1.模拟通信系统的有效性指标

模拟通信系统的有效性指标用所传信号的有效传输带宽来衡量，有效传输带宽越窄，有效性越好。

信号的有效传输带宽与通信系统所采用的调制方式有关，同样的信号用不同的方式调制得到的有效传输带宽是不一样的，如传输一路模拟电话信号，单边带调制信号只需要 4 kHz 的带宽，标准调幅信号则需要 8 kHz 带宽。因此，在一定频带内传输单边带调制信号的路数比传输标准调幅信号的路数多一倍。显然，单边带调制系统的有效性比标准调幅系统要好。

2.模拟通信系统的可靠性指标

模拟通信系统的可靠性指标用整个通信系统的输出信噪比来衡量。信噪比是信号的平均功率 S 与噪声的平均功率 N 的比值。信噪比越高，说明噪声对信号的影响越小，系统的通信质量越好。

提高模拟信号传输的输出信噪比固然可以提高信号功率或降低噪声功率，但提高发送电平往往受到限制。对于一般通信系统，提高发送电平会干扰相邻信道的信号。抑制噪声可从广义信道的电子设备入手，如采用性能良好的电子器件并设计精良的电路。一旦构成系统后，降低噪声干扰就会比较困难。

（二）数字通信系统的性能指标

1.数字通信系统的有效性指标

数字通信系统的有效性指标通常用传输速率和频带利用率来衡量。

（1）传输速率

码元传输速率 R_B：数字信号由码元组成，码元传输速率又称码元速率或传码率，其定义为单位时间（每秒）内传输码元的数目，单位为波特（Baud），常用符号 B 表示。例如，若系统在 1 s 内传输 3 600 个码元，则码元速率为 3 600 B，实际中也采用码元/秒作为码元传输速率的单位。

数字信号有二进制和多进制之分，码元传输速率仅表征单位时间内传输码元的数目，没有限定这时的码元是何种进制。若已知一个码元的持续时间（码元宽度）为 T_B（单位为 s），则有：

$$R_B=1/T_B \qquad\qquad （式 1-1）$$

信息传输速率 R_b：信息传输速率又称信息速率、传信率、比特率等。它表示单位时间（每秒）内传输的信息量，单位是比特/秒，记为 bit/s。

例如，设某系统 1 s 内传输 3 600 个码元，即码元速率为 3 600 B，若信源的平均信息量为 1 bit，则系统的信息速率为 3 600 bit/s；若平均信息量为 1.5 bit，则系统的信息速率为 5 400 bit/s。可见，在码元速率相同的情况下，如果信源的平均信息量不同，则系统的信息速率也不一样。

信息速率 R_b 和码元速率 R_B 有如下确定关系，即：

$$R_b=H（s）R_B \qquad\qquad （式 1-2）$$

式中：$H（s）$ 为信源的平均信息量。

（2）频带利用率

不同的通信系统进行比较时，仅根据传输速率来判定它们的有效性是不够的，还应看它们在同等传输速率下所占用的频带宽度。因为真正能够反映系统传输性能指标的应该是频带利用率，即单位频带内的传输速率。频带利用率有两种表示方式：码元频带利用率和信息频带利用率。

码元频带利用率是指单位频带上的码元传输速率，即：

$$\eta_B = R_B/B \qquad \text{（式 1-3）}$$

式中：η_B 的单位为 B/Hz。

信息频带利用率是指单位频带上的信息传输速率，即：

$$\eta_b = R_b/B \qquad \text{（式 1-4）}$$

式中：η_b 的单位为 bit/（s·Hz^{-1}）。

2.数字通信系统的可靠性指标

数字通信系统的可靠性指标通常用差错率来衡量，差错率越小，可靠性越高。差错率也有下面两种表示方式：

（1）误码率（码元差错率）

误码率用 P_e 表示，是指收到的错误码元数与系统传输的总码元数之比，即在传输中出现错误码元的概率，记为：

$$P_e = 收到的错误码元数/传输的总码元数 \qquad \text{（式 1-5）}$$

（2）误信率（信息差错率）

误信率又称误比特率，用 P_b 表示，是指收到的错误比特数与系统传输的总比特数之比，即在传输中出现错误比特的概率，记为：

$$P_b = 收到的错误比特数/传输的总比特数 \qquad \text{（式 1-6）}$$

显然，在二进制传输系统中，有 $P_e = P_b$，但在多进制传输系统中，两者关系较为复杂，一般有 $P_b < P_e$。

第三节　各类电子通信系统的应用

一、有线通信系统的应用

随着人们对信息要求的多样化和个性化，各种类型的电子通信系统层出不穷，划分种类的依据也各不相同，但无论哪种电子通信系统都是信息技术在社会生活中的具体应用，人们对信息种类和数量的需求在不断增加，各种电子通信系统在技术上共同发展，在作用上相辅相成，一起为人们提供全面、快捷和准确的信息服务。

目前，尽管对用户终端的无线接入技术的研究方兴未艾，但有线通信系统一直在电子通信系统的传输方面发挥着主要作用，整个电子通信系统的干线传输网还都以有线传输方式为主。

（一）公共电话交换网

目前，为公众提供固定电话通信系统的网络称为公共电话交换网，硬件部分主要由终端设备、传输设备和交换设备组成，另外还要配合交换软件、信令系统以及相应的协议和标准，这样才能最终使用户和用户之间通过传输和交换设备做到互联互通，实现信源用户到信宿用户之间的语音通信。

电话系统是点到点的通信系统，是一个用户到另一个用户的通信系统；而无线电广播系统是单点发送多点接收的系统。

（二）综合业务数字网

综合业务数字网是一个数字电话网络国际标准，是一种典型的电路交换网络系统。在国际电信联盟的建议中，综合业务数字网是一种在数字电话网的基础上发展起来的通信网络，它能够支持多种业务，包括电话业务和非电话业务。

1.窄带综合业务数字网

窄带综合业务数字网是以电话网为基础发展而成的，主要由 2 个速率为 64 kbit/s 的数字通信信道和 1 个速率为 16 kbit/s 的数字通信信道构成，它以电路交换和分组交换两种模式提供语音和数据业务。由于只是在用户和网络接口上实现了综合，同时又受到带宽的限制，所以窄带综合业务数字网仅可支持语音业务及低速数据业务，具有一定的实用价值。

2.宽带综合业务数字网

宽带综合业务数字网是当前人们家中常用的互联网宽带技术，为用户提供了更高的数据传输速率，能够适应全部现有的和将来可能出现的各类信息传输业务。

我国目前正大力倡导三网合一，即将电话网、互联网和有线电视网合并为一个网，那么这个最终合一的网必须是这种具有足够带宽的网络，所以宽带综合业务数字网是今后电子通信系统发展的重点。

（三）基于 IP 的通信系统

基于 IP（internet protocol，互联网协议）的通信系统主要是指目前广泛使用的计算机网络系统。它主要由集线器、网桥、中继器、路由器和交换机等硬件组成，将分散的具有独立功能的多台计算机互相连接在一起，按照一定网络协议进行数据通信。

基于 IP 的通信系统广义的定义是指将地理位置不同的具有独立功能的多台计算机及其外部设备，通过通信线路连接起来，在网络操作系统、网络管理软件及网络通信协议的管理和协调下，实现资源共享和信息传递的计算机通信系统。

（四）有线广播电视系统

电视技术经历了从无线到有线和从模拟到数字的发展历程，即从由电视塔发射无线电视信号发展到模拟有线电视，最后发展到今天的数字有线电视，目前的有线电视网又兼具上网的功能，这也是在为三网合一做准备。

有线广播电视系统是一个向公众提供定时的声像节目，并以一点到多点方式传送业务（服务）的通信网络。传统的广播电视网采用树形结构，并且传送过程无交换，技术上不利于支持双向（交互式）业务的发展。

有线电视系统已从最初单一的同轴电缆演变为光纤与同轴电缆混合使用的一种光纤/同轴电缆混合网，这为发展宽带交互式业务或电信业务打下了良好的基础。CATV（cable television，有线电视）是广播电视网的重要组成部分，也是广播电视网与整个信息网相融合的重要途径。对于高质量和较多频道的传统模拟广播电视节目，其还可以逐步开展交互式数字视频应用，目前很多地区的有线电视网已经开展了互联网业务。

二、无线通信系统的应用

无线通信系统应用的种类繁多，如现在的蓝牙技术、Wi-Fi 技术、无线传感网等短距离的无线通信技术的应用已经非常广泛，由于它们的传输技术原理与下面几种应用的传输技术原理基本一致，故本书只介绍下面几种远距离无线通信系统。

（一）移动通信系统

移动通信可以说从无线电通信发明之日起就诞生了。在 1897 年，意大利无线电工程师马可尼（Guglielmo Marconi）就完成了无线通信试验，在固定的一个通信站点与距离为 18 海里的拖船进行了通信。

现代移动通信系统始于 20 世纪 20 年代，其代表是美国底特律市警察使用的车载无线电通信系统，属于专用的移动通信系统，移动设备的工作频率比较低。从 20 世纪 40 年代中期到 20 世纪 60 年代，联邦德国、法国、英国等相继研制了公用移动电话系统。进入 20 世纪 70 年代后，美国最先提出改进型移动电话系统，采用大分区制的技术，不足之处是系统的用户容量相对较小，但实现了无线通信频道的自动切换和接续。

从 20 世纪 80 年代中期开始，陆地移动通信系统建成了蜂窝状移动通信网，从而大大提高了移动通信系统的容量。随着移动通信技术的不断进步，移动通信系统已经历了以模拟通信技术为主的第一代移动通信系统和以数字通信技术为主的第二代移动通信系统，发展到以 CDMA（code division multiple access，码分多址接入）技术为基础的第三代移动通信系统，简称为3G，现正在广泛使用的是以 LTE（long term evolution，长期演进）技术为核心的第四代移动通信系统，称为 4G 技术。目前，第五代移动通信系统已经进入使用阶段。

无线移动通信技术几乎每十年就完成一代技术更新，但所有的无线通信技术都是以调制和解调技术为基础的。

（二）卫星通信系统

卫星通信系统是指利用人造地球卫星作为中继站（空间站）转发无线电波的系统，用以实现两个或多个地球站之间的通信。这是太空通信的形式之一。

太空通信主要包括以下三种形式：

①地球站与空间站的通信；

②空间站之间的通信；

③通过空间站转发或反射进行地球站之间的通信。

通信卫星以地球为参照系分为静止卫星和移动卫星。从地球上看是静止的通信卫星都是静止轨道卫星或静止卫星，也可称为同步轨道卫星或同步卫星，除此之外还有移动卫星，通常移动卫星距离地球比静止卫星近一些。

静止卫星指在对地静止轨道上运行的卫星，在地球上看卫星是静止不动的。对地静止的卫星轨道只有一条，在地球赤道上空，高度为 35 786 km。所以，静止卫星也称为同步卫星。静止卫星不是不动的，只是和地球自转的速度一致而已。

北斗三号卫星导航系统由 5 颗地球同步轨道卫星和 30 颗非地球同步轨道卫星组成，都在西昌卫星发射中心用长征运载火箭发射。

目前由国际通信卫星组织负责建立的世界卫星通信系统基本都是利用静止卫星实现全球通信的，该通信网担负着大约 80%的国际通信业务和全部国际电视转播业务。

无线通信系统中还有一种应用就是微波中继通信，它是对不适合架设电缆的情况或为电缆传输增加一套备用线路而采用的一种通信技术，由于微波中继通信与卫星中继通信原理相同，所以这里只介绍卫星通信系统。

（三）无线电广播系统

无线电广播系统也是最早的无线电通信系统，从通信技术来说它只不过是一种单工通信方式，即电信号只沿着广播电台的天线向听众传播。随着电子通信系统的快速发展，无线电广播系统这种形式越来越不受到人们的重视，但它的通信技术原理一直是学习和理解远距离无线通信技术的理论基础，该系统同时也是现代无线通信系统的先驱。

从广播电台播音员把声音送入话筒那一刻起，语音信号就成为音频电信号，然后系统利用电子通信技术设备对语音电信号进行处理，使其适合在自由空间做长距离传输，最终在接收端还原电台播音员的声音，实现这项功能的主要技术就是调制和解调技术。

第二章　数据通信基础

第一节　信息、数据和信号

一、信息

关于信息的定义很多，例如，哲学家从认识论的角度定义信息，数学家从概率论的角度定义信息，而通信学家则认为凡是在一种情况下能减少不确定性的任何事物都叫作信息。

从本质上讲，信息是描述或记录一切客观事物的数据中所包含的内容。这些数据描述和记录了事物的状态、特征和变化。信息是伴随着客观事物的存在和发展过程而存在的，人类可以认识信息并对信息进行加工、记录、交换与利用，从而进一步改造人类生活。

信息与消息不同，简单来说，消息是信息的载体，消息中可能包括信息。

1948 年，美国数学家、信息论的主要奠基人香农（Claude Elwood Shannon）在《贝尔系统技术杂志》上发表了一篇著名的论文——《通信的数学理论》。在这篇文章中，香农虽然没有直接从文字上阐述信息的定义，但是从他给出的关于信息的度量公式中可以看出，他将信息定义为熵的减少。也就是说，他将信息定义为"用来消除不确定性的东西"。熵是不确定性的度量，熵的减少也就是不确定性的减少。香农首先严格定义了信息的单位——熵，在此基础上定义了信道容量的概念，并给出了无帧通信的极限传输速率。这些贡献对今天的通信工业具有革命性的影响。

二、数据

数据是承载信息的实体，是描述物体的数字、字母或符号。在计算机网络中，数据常被广义地理解为可以存储、处理和传输的二进制数字编码。语音信息、文字信息、图像信息均可以转换为二进制数字编码在网络中存储、处理和传输。数据分为模拟数据和数字数据。模拟数据是在某个区间内连续变化的值，如声音和电压是幅度连续变化的波形；数字数据是在某个区间内离散的值，如二进制数据只有离散的 0 和 1 两种状态。使用相应的技术可以实现模拟数据和数字数据之间的相互转换。

模拟数据是时间的函数，并占有一定的频率范围，即频带。这种数据可以直接利用占有相同频带的电信号（模拟信号）来表示。例如，语音数据的可动频率范围仅为 300～3 400 Hz，这个频率范围已经足够使语音清晰传输了。模拟数据也可以用数字信号表示。对于语音数据来说，完成将模拟数据转换成数字信号的设备是编码解码器。线路一端的编码解码器将表示声音的模拟信号编码转换成用二进制流表示的数字信号，而线路另一端的编码解码器则将二进制流解码恢复成原来的模拟数据。

数字数据可以直接用二进制形式的数字脉冲信号来表示，但为了改善其传播特性，一般先要对二进制数据进行编码。数字数据也可以用模拟信号来表示，此时要利用调制解调器将数字数据调制转换成模拟信号，使之能在适合此种模拟信号的介质上传输。在线路的另一端，调制解调器再把模拟信号解调成原来的数字数据。

信息与数据既相互联系，又相互区别。信息是反映客观事物的知识；数据则是用来承载信息的物理符号，是信息的载体。信息是不随载体的改变而变化的；而数据则不同，由于载体不同，数据的具体表现形式可以不同。

三、信号

信号（也称为讯号）是运载信息的工具，是消息的载体，从广义上讲，它包含光信号、声信号和电信号等。

信息与数据对通信而言都是抽象的，无法直接存储、加工与传输。信号是数据的具体表现形式。通信系统中所使用的信号主要指的是电信号，即随时间变化的电压或电流。在通信中，各种电路、设备（包括传输媒体）是为了实现信号传输而设置的，因此对它们的设计与制造，直至通信系统的集成必然要取决于信号的特性。因此，深入了解信号的特性是十分必要的。

（一）信号的分类

信号的分类方式是多种多样的，下面按三种方法对信号进行分类：

1.连续信号与离散信号

连续信号是对每个实数（有限个间断点除外）都有定义的函数。连续信号的幅值可以是连续的，也可以是离散的（如信号的幅值有不连续的间断点）。

离散信号是指对每个整数都有定义的函数，如果 n 表示离散时间，则函数 $f(n)$ 称为离散时间信号或离散序列；如果离散时间信号的幅值是连续的模拟量，则该信号称为采样信号。

2.确定信号与随机信号

确定信号可以用确定的时间函数来描述。给定一个特定时刻，就有与其相对应的确定的函数值。

随机信号不能给出确定的时间函数，对于特定时刻不能给出相应的确定的函数值，而只能用概率统计的方法来描述。通信系统中传输的信号，一般情况下都是随机信号。

但随机信号有时也可以被当作确定信号加以分析，例如数据信号中常用的二进制码。虽然二进制码本身是随机的，但其中单个的 1 码和 0 码，都可以被看作确定信号。

3.周期信号和非周期信号

周期信号可以定义为：

$$f(t) = f(t \pm nT) \quad n=0, \pm1, \pm2, \cdots\cdots \qquad （式2-1）$$

即信号 $f(t)$ 按一定的时间间隔（即周期 T）周而复始、无始无终地变化。上式中的 T 称为周期信号 $f(t)$ 的周期。这种信号实际上是不存在的，所以周期信号只能在一定时间内按照某一规律重复变化。

非周期信号不具备周而复始的特性，假如周期信号的周期 T 值趋向无限大，它就变成非周期信号。从存在的时域来观察非周期信号，其可以分为时限信号和非时限信号。非时限信号存在于一个无界的时域内，时限信号则存在于一个有界的时域内。

（二）信号的特性

信号的特性表现为它的时间特性和频率特性。信号的时间特性主要是指信号随时间变化而变化的特性。信号的频率特性可以用信号的频谱方式来表示。

（三）信号的分析方法

在分析通信系统的过程中，如果把激励和响应都看作时间的函数，也就是利用信号的时间特性进行分析，那么这种方法就称为时域分析法；如果对作为时间变量的函数的激励和响应进行傅里叶变换，将时间变量转换为频率变量来分析，那么这种方法就称为频域分析法。

1.时域分析法

时域分析法的基本手段就是将外加的复杂激励信号在时域中分解成一系列单元激励信号，然后分别计算各单元信号通过通信系统的响应，最后将它们在输出端增加而得到总的响应。对连续信号和离散信号均可采用时域分析法。

2.频域分析法

任何信号都可以看成频率的函数。根据傅里叶变换原理，一般情况下，任何信号都可表示成各种频率成分的正弦波或余弦波之和。

第二节　信号传输媒体

一、信道的概念及分类

信道是指由有线或无线线路提供的信号通路。信道可大体分为狭义信道和广义信道两类。

（一）狭义信道

狭义信道通常仅指信号传输媒体。目前采用的传输媒体有架空明线、电缆、光缆、中长波地表波传播、超短波及微波视距传播、短波电离层反射、超短波流星余迹散射、对流层散射、电离层散射、超短波超视距绕射、波导传播、光波视距传播等。

可以看出，狭义信道是指在发送方设备和接收方设备中间的传输媒体。狭义信道的定义直观，易理解。狭义信道通常按媒体的类型可分为有线信道和无线信道。

1.有线信道

所谓有线信道，是指传输媒体为电话线、双绞线、同轴电缆及光纤等一类能够看得见的媒体。有线信道是现代通信网中常用的信道之一，例如，电话电缆广泛应用于（市内）近程传输。

2.无线信道

无线信道的传输媒体比较多，包括短波电离层反射、对流层散射等。可以这样认为，凡是不属有线信道的媒体均为无线信道的媒体。无线信道没有有线信道所具有的稳定性和可靠性，但无线信道具有方便、灵活、通信者可移动等优点。

（二）广义信道

在通信原理的分析中，从信息传输的观点看，人们所关心的只是通信系统中的基本问题，因而信道的范围还可以扩大。除包括传输媒体外，它还可能包括有关的转换器，如馈线、天线、调制器、解调器等。通常将这种扩大了范围的信道称为广义信道。在讨论通信的一般原理时，通常采用的是广义信道。广义信道通常可分为调制信道和编码信道两种。

1.调制信道

调制信道是从研究调制与解调的基本问题出发而构建的，它的范围是从调制器输出端到解调器输入端。从调制和解调的角度来看，人们只关心调制器输出的信号形式和解调器输入信号与噪声的最终特性，而并不关心信号的中间变化过程。因此，定义调制信道对于研究调制与解调问题来说是方便和恰当的。

2.编码信道

在数字通信系统中，如果仅着眼于编码和译码问题，则可以得到另一种广义信道——编码信道。这是因为，从编码和译码的角度看，编码器的输出仍是某一个数字序列，而译码器的输入同样也是一个数字序列，它们在一般情况下是相同的数字序列。因此，从编码器输出端到译码器输入端的所有转换器及传输媒体可用一个完成数字序列变换的方框加以概括，此方框中的内容称为编码信道。

二、有线传输媒体及其特性

有线传输媒体在数据传输中只作为传输媒体，而非信号载体。计算机网络中主要使用的有线传输媒体有以下三种：

（一）双绞线

双绞线是由两根各自封装在彩色物料皮内的铜线互相扭绞而成的，扭绞的目的是使它们之间的干扰最小。多对双绞线外套一层保护套，构成双绞线电缆，通过相邻线对之间变换的扭矩，可使同一电缆内各线对之间的干扰最小。双绞线分屏蔽型双绞线和非屏蔽型双绞线两种类型。屏蔽型双绞线是在非屏蔽型双绞线外面再加上一个由金属丝编织而成的屏蔽层而得到的，以提高其抗电磁干扰能力。因此，屏蔽型双绞线抗外界干扰性能优于非屏蔽型双绞线，但价格也较贵。

相互扭绞的一对双绞线可作为一条通路，其输入阻抗有 100 Ω 和 150 Ω 两种，双绞线可用于传输模拟信号，也可用于传输数字信号。电话线是双绞线的一种。双绞线的带宽取决于铜线的粗细和传输距离。双绞线用于传输模拟信号时，每隔 5 km 或 6 km 需要一个中继器；双绞线用于传输数字信号时，每隔 2 km 或 3 km 就需要中继一次。双绞线用于远程中继线时的最大传输距离为 15 km；用于局域网时，与交换机之间的最大距离为 100 m。

目前，美国电子工业协会对非屏蔽型双绞线定义了五类质量级别。计算机网络中最常用的是三类和五类非屏蔽型双绞线。三类非屏蔽型双绞线的带宽是 16 MHz，最高数据传输速率是 16 Mbps。五类非屏蔽型双绞线的带宽是 100 MHz，最高数据传输速率是 100 Mbps。二者的区别在于电缆内每单位长度上的扭线数不同。

（二）同轴电缆

同轴电缆是一种应用非常广泛的传输媒体，它由内导体、绝缘层、外导体及外保护层组成。其特性由内外导体和绝缘层的电参数、机械尺寸等决定。根据频率特性，同轴电缆可以分为两类：基带（视频）同轴电缆和宽带（射频）同轴电缆。基带同轴电缆可用于数字信号的直接传输；宽带同轴电缆用于传输高频信号，利用多路复用技术可在一条同轴电缆上传送多路信号。

同轴电缆的特性阻抗有 $50\,\Omega$ 和 $75\,\Omega$ 两种。$50\,\Omega$ 同轴电缆只用于传输数字基带信号，数据传输速率可达 10 Mbps。在无线电工程中多用 $75\,\Omega$ 的宽带电缆，用于传输模拟信号。基带同轴电缆的最大传输距离一般为几千米，而宽带同轴电缆的最大传输距离为几十千米。由于同轴电缆线屏蔽性能好，故其抗电磁干扰能力强，能使信号以更高速率传输更远的距离，而且便于维护。

（三）光纤

光纤是有线传输媒体中性能最好、最具发展前途的一种。

光纤是一种柔软的、能传导光波的媒体，它由玻璃或塑料构成，其中使用超高纯度石英玻璃制作的光纤具有最低的传输损耗。在折射率较高的单根光纤外面，用折射率较低的包层包裹起来，就可以构成一条光纤通道；多条光纤组成一束，就构成一条光缆。

光纤通过内部的全反射来传输光信号，由于光纤的折射系数高于外部包层的折射系数，因此可使光波在纤芯与包层界面上产生全反射。以小角度进入光纤的光波沿纤芯以反射方式向前传播。

光纤分为多模光纤和单模光纤两类。多模光纤允许一束光沿纤芯反射传播；而单模光纤只允许单一波长的光沿纤芯直线传播，在其中不产生反射。单模光纤直径小，价格高；多模光纤直径大，价格便宜；但单模光纤的性能优于多模光纤。

光纤具有频带宽、损耗小、数据传输速率高、误码率低、保密性好等特点，因此是最有发展前途的有线传输媒体。

三、无线传输媒体及其特性

无线传输利用大气作为传输媒体。目前主要采用的无线传输媒体有三种：微波、红外线和激光。

微波的频率通常是 2～40 GHz。由于频带宽，数据传输速率高，微波特别适用于不同建筑物之间的局域网互联。目前，微波传输已在无线局域网中得到了广泛的应用。微波的特点是直线传播，由于地球的表面是曲面，微波传输在地面远距离传输时必须通过中继接力来实现。

卫星通信也利用了微波频带。由于卫星通信具有通信距离远、费用与通信距离无关、覆盖面积大、不受地理条件的限制、通信带宽大等优点，因此它是国际干线通信的主要手段。

红外线和激光也像微波一样沿直线传播，三者都需要在发送方和接收方之间建立一条视线通路。三者对气候，如雨、雾、雷电等较为敏感。相对来说，微波对一般的雨和雾的敏感度较低。

四、传输媒体的选择与应用

（一）传输媒体的特性

①物理特性：说明传输媒体的特性。

②传输特性：数据信号的发送方式、调制方式、传输容量以及传输频率范围等。

③连通性：网络拓扑结构的连接方式，是采用点到点连接，还是采用多点连接。

④地理范围：在不用中间设备并将失真限制在允许范围内的情况下，整个网络所允许的最大距离。

⑤抗干扰性：对噪声、电磁等影响数据传输因素的抵抗能力。

⑥相对价格：主要包括元件价格、安装和维护费用等。

（二）必须考虑的因素

1.用户应用的带宽要求

如果用户数量不大，不要求共享较多的系统资源，例如，只需要共享打印机或只交换几个电子表格文件，则可以选择传输相对较慢的通信媒体，如双绞线即可。但是，如果用户数量较大，需共享图形文件或编译通用源代码，则必须选择数据传输速率较快的媒体，如光纤。

2.计算机系统间距

所有传输媒体都有一些距离上的限制，大多数大型网络会组合使用各种类型的传输媒体。一般情况下，距离较短的采用铜缆即可，而距离长的则需要使用光纤。

3.环境因素

环境也是一个限制因素。易产生电磁干扰或射频干扰噪声的环境要求采用的媒体能抵抗这类干扰。例如，建在机械车间中的网络，最好选用抗干扰能力更强的传输媒体，如同轴电缆或光纤，而不选用双绞线。

4.成本限制

无论选择何种传输媒体都会受到支付能力的限制。传输媒体越好，成本越高。但是，在选择传输媒体时，应考虑由于使用较差媒体而引起的网络速度变慢或者停机所造成的生产效率损失等因素，也应考虑以后升级的费用。在选择传输媒体时，需在认真权衡一次到位与逐次升级的利与弊后再做决定。

5.未来发展

尽管未来发展是一件比较难确定的事情，但是在选择传输媒体时应尽可能地考虑未来发展情况，避免在需要更大带宽时由于传输媒体跟不上而需要重新布线。

第三节　数据传输方式

数据传输方式是指数据在传输信道上传递的方式。按照数据传输的顺序，数据传输方式可以分为串行传输和并行传输；按照被传输的数据信号的特点，数据传输方式可以分为基带传输和宽带传输；按照数据传输的同步方式，数据传输方式可以分为同步传输和异步传输；按照数据传输的流向和时间，数据传输方式可以分为单工传输、半双工传输和全双工传输。

一、串行传输和并行传输

串行传输是二进制数字序列在一条信道上以位为单位，按时间顺序逐位传输的方式。串行传输按位发送，逐位接收，速度虽慢，但只需一条传输信道，投资小，易于实现，是数据传输采用的主要传输方式。但是串行传输存在一个收、发双方如何保持码组或字符同步的问题，这个问题不解决，接收方就不能从接收到的数据流中正确地区分出一个个字符来，因而传输将失去意义。对于码组或字符的同步问题，目前有两种不同的解决办法，即异步传输方式和同步传输方式。

并行传输指的是数据以成组的方式在多条并行信道上同时进行传输。常用的并行传输就是将构成一个字符代码的多位二进制数分别在多个并行信道上进行传输。例如，采用 8 位二进制数的字符可以用 8 个信道并行传输，一次传送一个字符，因此收、发双方不存在字符的同步问题，一般不需要另加起、止信号或其他同步信号来实现收、发双方的字符同步，这是并行传输的一个主要优点。但是，并行传输必须有并行信道，这往往带来了设备上或实施条件上的限制，因此它的实际应用受限。

二、基带传输和宽带传输

基带传输又称为数字传输，是指把要传输的数据转换为数字信号，使用固定的频率在信道上传输。在数据通信中，表示计算机二进制数字序列的数字信号是典型的矩形脉冲信号。矩形脉冲信号的固有频带称为基本频带，简称为基带，矩形脉冲信号就叫作基带信号。在数字通信信道上，直接传送基带信号的方法称为基带传输。在发送方，基带传输的数据经过编码器变换为直接传输的基带信号，例如曼彻斯特编码信号或差分曼彻斯特编码信号；在接收方，基带信号由解码器恢复成与发送方相同的矩形脉冲信号。基带传输是一种基本的数据传输方式。

宽带传输是指将信道分成多个子信道，分别传送音频、视频和数字信号。宽带是比音频带宽更宽的频带，包括大部分电磁波频谱。使用这种宽频带传输的系统，称为宽带传输系统。其借助频带传输，可以将链路分解成两个或更多的信道，每个信道可以携带不同的信号。

宽带传输中的所有信道都可以同时发送信号，如有线电视网、综合业务数字网等，传输的频带很宽，一般大于或等于 128 kbps。

宽带传输的是模拟信号，数据传输速率为 0～400 Mbps，而通常使用的数据传输速率是 5～10 Mbps。它可以容纳全部广播，并可进行高速数据传输，宽带传输系统多是模拟信号传输系统。

一般来说，宽带传输与基带传输相比有以下优点：

①能在一个信道中传输音频、图像和数据信息，使系统具有多种用途。

②一条宽带信道能划分为多条逻辑基带信道，实现多路复用，因此信道的容量大大增加。

③宽带传输的距离比基带传输远，因为基带传输直接传送数字信号，传输速率越高，能够传输的距离就越短。

三、同步传输和异步传输

同步传输是以同步的时钟节拍来发送数据信号的。该方式必须在收、发双方建立精确的位定时信号，以便正确区分每位数据信号。在传输中，数据要分成组（或称帧），一帧含多个字符代码或多个独立码元。在发送数据前，在每帧的开始必须加上规定的帧同步码元序列，接收方检测出该序列标志后，确定帧的开始，双方建立同步。接收方从接收序列中提取码元定时信号，从而达到码元同步。同步传输不加起、止信号，传输效率高，适用于 2 400 kbps 以上的数据传输，但技术比较复杂。

异步传输是字符同步传输的方式，又称起止式同步。当发送一个字符代码时，字符前面要加一个起信号，长度为 1 个码元，极性为"0"，即空号极性；而在发完一个字符后，字符后面加一个止信号，长度为 1、1.5 或 2 个码元，极性为"1"，即传号极性。接收方通过检测起、止信号，即可区分出所传输的字符。字符可以连续发送，也可单独发送，不发送字符时连续发送止信号。每一个字符的起始时刻可以是任意的，一个字符内的码元长度是相等的，接收方通过止信号到起信号的跳变（由"1"到"0"）来检测一个新字符的开始。该方式简单，收、发双方时钟信号不需要精确同步，但其缺点是增加了起、止信号，效率低，故适用于 1 200 kbps 以下的低速数据传输。

四、单工传输、半双工传输和全双工传输

数据通常是在两个站（点到点）之间进行传输的，按照数据流的方向，数据传输可分成单工传输、半双工传输、全双工传输。

单工传输的数据传输是单向的。在通信双方中，一方固定为发送方，另一方则固定为接收方。信息只能沿着一个方向传输，使用一条传输线。单工传输一般用在只向一个方向传输数据的场合。例如，计算机与打印机之间的通信是单工传输，因为只有计算机向打印机的数据传输，而没有相反方向的数据传输。

半双工传输使用同一条传输线，既可以发送数据又可以接收数据，但不能同时进行数据发送和接收。半双工传输允许数据在两个方向上传输，但是在同一时刻只能由其中的一方发送数据，另一方接收数据。因此，半双工传输既可以使用一条数据线，也可以使用两条数据线。它实际上是一种切换方向的单工传输，就和对讲机（步话机）一样。半双工传输中每一方都需要有一个收发切换电子开关，通过切换来决定数据向哪个方向传输。因为有切换，所以会产生时间延迟，信息传输效率比较低。

全双工传输允许数据同时在两个方向上传输，因此全双工传输是两个单工传输方式的结合，它要求发送设备和接收设备都有独立的接收和发送能力，就和电话一样。在全双工传输中，每一方都有发送器和接收器，有两条传输线。全双工传输可在交互式应用和远程监控系统中使用，信息传输效率高。目前的网卡一般都支持全双工传输。

第四节 数据编码技术

一、数字数据的模拟信号编码

要在模拟信道上传输数字数据，首先要对相应的模拟信号进行调制，即用模拟信号作为载波运载要传送的数字数据。载波信号可以表示为正弦波形式：$f(t) = A\sin(\omega t + \varphi)$。其中幅度 A、频率 ω 和相位 φ 的变化均会影响信号波形。因此，改变这三个参数可实现对模拟信号的编码。相应的调制方式分别称为幅度调制、频率调制和相位调制。

（一）幅度调制

幅度调制也称为幅移键控。其调制原理是用两个不同振幅的载波分别表示二进制值"0"和"1"。

（二）频率调制

频率调制也称为频移键控。其调制原理是用两个不同频率的载波分别表示二进制值"0"和"1"。

（三）相位调制

相位调制也称为相移键控，可分为绝对相移键控和相对相移键控。

1.绝对相移键控

绝对相移键控用两个固定的不同相位表示数字"0"和"1"。

2.相对相移键控

相对相移键控用载波在两位数字信号的交接处产生的相位偏移来表示载

波所表示的数字信号。最简单的相对相移键控是：与前一个信号同相表示数字"0"，相位偏移 180°表示"1"。这种方法具有较好的抗干扰性。

二、数字数据的数字信号编码

数字数据的数字信号编码，就是要解决数字数据的数字信号表示问题，即通过对数字信号进行编码来表示数据。数字信号编码的工作由网络上的硬件完成，常用的编码方法有以下三种：

（一）不归零码

不归零码又可分为单极性不归零码和双极性不归零码。

不归零码是指编码在发送数字"0"或数字"1"时，在每一个码元时间内不会返回初始状态（零）。当连续发送数字"1"或者数字"0"时，上一个码元与下一个码元之间没有间隙，使接收方和发送方无法保持同步。为了保证收、发双方同步，往往在发送不归零码的同时，还要用另一个信道同时发送同步时钟信号。计算机串口与调制解调器之间采用的是不归零码。

（二）归零码

归零码是指编码在发送数字"0"或数字"1"时，在每一个码元时间内会返回初始状态（零）。归零码可分为单极性归零码和双极性归零码。

（三）自同步码

自同步码是指编码在传输信息的同时将时钟同步信号一起传输过去。这样，在数据传输的同时就不必通过其他信道发送同步信号。局域网中的数据通信常使用自同步码，其典型的代表是曼彻斯特编码和差分曼彻斯特编码。

　　曼彻斯特编码：每一位的中间（1/2 周期处）有一个跳变，该跳变既作为时钟信号（同步），又作为数据信号。从高到低的跳变表示数字"0"，从低到高的跳变表示数字"1"。

　　差分曼彻斯特编码：每一位的中间（1/2 周期处）有一个跳变，但是，该跳变只作为时钟信号（同步）。数据信号根据每位开始时有无跳变进行取值，有跳变表示数字"0"，无跳变表示数字"1"。

三、模拟数据的数字信号编码

　　模拟数据的数字信号编码最常用的方法是脉冲编码调制。

（一）理论基础（香农采样定理）

　　若对连续变化的模拟信号进行周期性采样，只要采样频率大于或等于有效信号最高频率或其带宽的两倍，则采样值便可包含原始信号的全部信息，利用低通滤波器可以从这些采样中重新构造出原始信号。

（二）脉冲编码调制的工作步骤

　　①采样：根据采样频率，隔一定的时间间隔采集模拟信号的值，得到一系列模拟值。

　　②量化：将采样得到的模拟值按一定的量化级进行"取整"，得到一系列离散值。

　　③编码：将量化后的离散值数字化，得到一系列二进制数；然后对二进制数进行编码，得到数字信号。

四、模拟数据调制为模拟信号

模拟数据调制为模拟信号主要有角度调制和幅度调制两种方法。

（一）角度调制

角度调制可分为频率调制（调频）和相位调制（调相），即使正弦载波信号的角度随基带调制信号的幅度变化而变化的调制方法。

1.调频

调频是指使高频载波的频率随原始数据的幅度变化而变化的技术。

2.调相

调相是指使高频载波的相位随原始数据的幅度变化而变化的技术。

（二）幅度调制

幅度调制即调幅，是指高频载波的幅度随原始数据的幅度变化而变化的技术，载波的频率保持不变。

第五节　数据同步技术

一、同步的基本概念

同步是指信号之间在频率或相位上保持某种严格的特定关系，即它们在相应的有效瞬间以同一平均速率出现。其实同步的概念在通信中早有应用，在模拟通信网的传输系统中，收、发机之间的载波频率需要同步，即两端的载波频率应相等或基本相等，并保持稳定。在音频通路中，端到端的频率差不超过2 Hz。在数字通信网中，传输和交换的信号是对信息进行编码后的比特流，且具有特定的比特率，这就需要网内的各种数字通信设备（或网元）的时钟具有相同的频率，以相同的时标来处理比特流。因此，数字网的同步是数字网中各数字通信设备内的时钟之间的同步。在数字通信中，对比特流的处理是以帧来划分段落的，在实现时分复用或利用数字交换机进行交换时，都需要经过帧调节器，使比特流达到同步，也就是帧同步。

二、载波同步

提取载波的方法一般分为两种：一种是在发送有用信号的同时，在适当的频率位置上插入一个（或多个）称为导频的正弦载波，接收方就利用导频提取出载波，这种方法称为插入导频法，也称为外同步法；另一种是不专门发送导频，接收方直接从发送信号中提取载波，这种方法称为直接法，也称为自同步法。

三、位同步

位同步又称同步传输，它是使接收方的每一位数据都要和发送方保持同步。实现位同步的方法可分为外同步法和自同步法两种。

在外同步法中，接收方的同步信号事先由发送方送来，不是自己产生也不是从信号中提取出来。即在发送数据之前，发送方先向接收方发出一串同步时钟脉冲，接收方按照这一时钟脉冲频率和时序锁定接收频率，以便在接收数据的过程中始终与发送方保持同步。

自同步法是指能从数据信号波形中提取同步信号的方法。典型例子就是著名的曼彻斯特编码，常用于局域网传输。在曼彻斯特编码中，每一位的中间都有一个跳变，位中间的跳变既作为时钟信号，又作为数据信号；从高（H）到低（L）的跳变表示"0"，从低到高的跳变表示"1"。还有一种是差分曼彻斯特编码，每位中间的跳变仅提供时钟定时，而每位开始时有无跳变表示"0"或"1"，有跳变为"0"，无跳变为"1"。

两种曼彻斯特编码将时钟和数据包含在数据流中，在传输数据信息的同时，也将时钟同步信号一起传输给对方，每位编码中有一个跳变，不存在直流分量，因此两种曼彻斯特编码具有自同步能力和良好的抗干扰性能。但每位编码都被调成两个电平，所以数据传输速率只有调制速率的1/2。

四、群同步

在数据通信中，群同步又称异步传输，是指传输的信息被分成若干"群"，在数据传输过程中，字符可顺序出现在比特流中，字符间的间隔时间是任意的，但字符内各个比特用固定的时钟频率传输。字符间的异步定时与字符内各个比特间的同步定时，是群同步的特征。

群同步是靠起始位和停止位来实现字符定界及字符内比特同步的。起始位指示字符的开始，并启动接收方对字符中比特的同步；而停止位则是作为字符间的间隔位而设置的，如果没有停止位，下一个字符的起始位下降沿便可能丢失。

群同步传输的每个字符由以下四部组成：

①1 比特起始位，以逻辑"0"表示；

②5～8 比特数据位，即要传输的字符内容；

③1 比特奇偶校验位，用于检错；

④1～2 比特停止位，以逻辑"1"表示，用作字符间的间隔。

五、网同步

在数字通信网和计算机网络中，各站点为了进行分路和并路，必须调整各个方向发送来的数据的速率和相位，使之步调一致，这种调整过程称为网同步。

实现网同步的方法有四种：主从同步法、相互同步法、塞入脉冲法和独立时钟法。

（一）主从同步法

网络内设一主站，备有高稳定的时钟。它产生标准频率，并传递给各从站，使全网都服从此主时钟，达到全网频率一致的目的。主从同步法的优点是，从站的设备比较简单，性能也较好，费用较低，因此主从同步法在数字通信网中得到广泛的应用。主从同步法的缺点是，当主站发生故障时，各从站会失去统一的时间标准而无法工作，从而造成全网通信中断。

（二）相互同步法

网络内各站都有自己的时钟，并且互相连接、互相影响，最后都调整到同一频率上。相互同步法能克服主从同步法对主时钟依赖的缺点，提高通信的可靠性。它的缺点是不容易调整，有时还会引起网络自激。这种方法适用于站点比较集中的网区和正在发展中的数字通信网。

（三）塞入脉冲法

各站均采用高稳定的时钟，它们的频率很接近（不完全相等），每站的时钟频率略大于输入信码的速率，采用塞入脉冲技术即可实现网同步。这种方法已得到应用。

（四）独立时钟法

各站都有自己的时钟，它们的准确度和稳定度都很高，各站的数据传输速率接近一致，即能实现网同步。这种方法的优点是，各站都有独立的时钟，站的增减灵活性很大；缺点是各站都要配置高稳定度的时钟。

第六节　多路复用技术

一、多路复用技术的原理

在计算机网络中，传输信道是网络的主要资源之一，如何共享信道，有效地利用通信线路，是计算机网络的一个基本问题。

信道共享又称为信道多路复用。其基本思想是：当信道的传输能力超过某一信息要求时，为了提高信道的利用率，需要用一条信道传输多路信号，即多路复用。"复用"是一种将若干个彼此独立的信号合并为一个可在同一信道上同时传输的复合信号的方法。例如，传输的语音信号的频谱一般在300～3 400 Hz，为了使若干个这种信号能在同一信道上传输，可以把它们的频谱调制到不同的频段，合并在一起而不致相互影响，并能在接收方彼此分离开来。利用多路复用技术能把多个信号组合在一条物理信道上进行传输，实现点到点信道共享。

二、多路复用技术的分类

（一）按照应用角度分类

从电信的角度看，多路复用技术就是把多路信号在同一信道上传输的技术。多路复用的系统能把两个或者多个信号组合起来，使它们通过一个物理电缆或无线电链路发送。简单地说，多路复用的作用就是把单个传输信道划分成多个信道。

从计算机的角度看，术语"多路复用"也用于其他数据处理系统的连接。多路复用意味着使用一个装置可以同时处理若干个单独而又相似的操作，或者用一个计算机与多个终端、操作员进行实时通信。

（二）按照信号分割技术分类

信号分割技术就是给各路信号打上记号，复合在被共享的信道上传输，接收方根据各路信号的记号解复合，最终实现信道多路复用的技术。信号之间的差别一般体现为时间、频率、波长或码型结构的不同，所以多路复用分为时分复用、频分复用、波分复用和码分复用。

1.时分复用

时分复用就是将提供给整个信道传输信息的时间划分成若干时间片（简称时隙），并将这些时隙分配给每一个信号源使用，每路信号在自己的时隙内独占信道进行数据传输。时分复用技术的特点是时隙事先规划分配好且固定不变，所以有时其也被称为同步时分复用。其优点是时隙分配固定，便于调节控制，适用于数字信息的传输；缺点是当某信号源没有数据传输时，它所对应的信道会出现空闲，而其他繁忙的信道则无法占用这个空闲的信道，因此会降低信道的利用率。

时分复用的原理：发送方和接收方各自具有旋转的机械电子开关，即旋转开关，两方开关以一致的频率同步转动，转动的频率即为各路采用频率。发送方的旋转开关对各路进行采样，转动一周所得到的采样值组成一帧发送给接收方。接收方的旋转开关同步转动，从一帧数据中解出对应于每一路的采样值。根据采样定理，只要采样的频率足够高，就可以恢复出原来的信号。由于机械电子开关的使用寿命较短，并且在转动采样的过程中会产生噪声，在实际电路中一般采用电子开关，产生采样脉冲信号。

2.频分复用

频分复用就是将用于传输信道的总带宽划分成若干个子频带（或称子信道），每一个子信道传输一路信号。频分复用要求总频率宽度大于各个子信道频率之和，同时为了保证各子信道中所传输的信号互不干扰，应在各子信道之间设立保护频带，这样就保证了各路信号互不干扰（条件之一）。频分复用技术的特点是所有子信道传输的信号以并行的方式工作，每一路信号传输时可以不考虑传输时延，因而频分复用技术得到了非常广泛的应用。

（1）传统的频分复用

传统的频分复用的典型应用莫过于 HFC（hybrid fiber coaxial，混合光纤同轴电缆）网电视信号的传输了，不管是模拟电视信号还是数字电视信号都是如此，因为对于数字电视信号而言，尽管其在每一个频道（8 MHz）内都是以时分复用的方式传输的，但各个频道之间仍然以频分复用的方式传输。

（2）正交频分复用

正交频分复用实际上是一种多载波数字调制技术。正交频分复用全部载波频率有相等的频率间隔，它们是一个范本振荡频率的整数倍。

正交频分复用系统比传统的频分复用系统要求的带宽要小得多。正交频分复用使用的是无干扰正交载波技术，单个载波间不需要保护频带，这样使得可用频谱的使用效率更高。另外，正交频分复用技术可动态分配子信道中的数据。为获得最大的数据吞吐量，多载波调制器可以智能地分配更多的数据到噪声小的子信道上。目前正交频分复用技术已被广泛应用于广播式的音频和视频领域以及民用通信系统中，其主要的应用包括不对称数字用户线、数字视频广播、高清晰度电视、无线局域网和第5代移动通信系统等。

3.波分复用

光通信是由光来运载信号进行传输的方式。在光通信领域中，人们习惯按波长而不是按频率来分类。因此，所谓的波分复用本质上也是频分复用。波分复用是在一根光纤上承载多个波长（信道）系统，将一根光纤转换为多条虚拟光纤，当然每条虚拟光纤独立工作在不同的波长上，这样极大地增加了光纤的传输容量。波分复用一般应用波分割复用器和解复用器（也称合波器和分波器），分别置于光纤两端，实现不同光波的耦合与分离。这两个器件的原理是相同的。由于波分复用技术的经济性与有效性，其成为当前光纤通信网络扩容的主要手段。

波分复用技术作为一种系统概念，通常有三种复用方式，即1 310 nm和1 550 nm波长的波分复用、稀疏波分复用和密集波分复用。

（1）1 310 nm和1 550 nm波长的波分复用

这种复用技术在20世纪70年代初时仅用两个波长：1 310 nm窗口一个波长，1 550 nm窗口一个波长。利用波分复用技术实现单纤双窗口传输是最初的波分复用的使用情况。

（2）稀疏波分复用

继应用在骨干网及长途网络中后，波分复用技术也开始在城域网中得到使用，这里主要指的是稀疏波分复用。稀疏波分复用使用1 200～1 700 nm的宽窗口，目前主要应用于波长为1 550 nm的系统，1 310 nm波长的波分复用器也在研制当中。稀疏波分复用（大波长间隔）器相邻信道的间距一般大于或等于20 nm，它的波长数目一般为4或8，最多为16。当复用的信道数为16或者更少时，由于稀疏波分复用系统采用的分布反馈激光器不需要冷却，因此稀疏波分复用系统在成本、功耗要求和设备尺寸方面比密集波分复用系统更有优势，因而广泛地被业界所接受。稀疏波分复用不需要选择成本昂贵的密集波分割复用器和掺铒光纤放大器，只需采用便宜得多的通道激光收发器作为中继，因而成本大大降低。如今，不少厂商已经能够提供具有2～8个波长的商用稀疏波分复用系统，它适合在地理范围不是特别大、数据业务发展不是非常快的城市使用。

（3）密集波分复用

密集波分复用技术可以承载 8～160 个波长，间隔一般小于或等于 16 nm。而且随着密集波分复用技术的不断发展，其分波波数的上限值仍在不断地增加。密集波分复用技术主要应用于长距离传输系统。所有的密集波分复用系统中都需要色散补偿光纤技术（克服多波长系统中的非线性失真——四波混频现象）。在 16 波密集波分复用系统中，一般采用常规色散补偿光纤来进行补偿，而在 40 波密集波分复用系统中，必须采用色散斜率补偿光纤进行补偿。密集波分复用技术能够在同一根光纤中对不同的波长同时进行组合和传输。为了保证有效传输，密集波分复用技术将一根光纤转换为多根虚拟光纤。目前，采用密集波分复用技术时，单根光纤的数据传输速率高达 400 Gbps，随着厂商在每根光纤中加入更多信道，每秒数百太比特的数据传输速率指日可待。

4.码分复用

码分复用是靠不同的编码来区分各路原始信号的一种复用方式，它和各种多址接入技术结合产生了各种接入技术，包括无线接入和有线接入。例如，多址蜂窝系统是以信道来区分通信对象的，一个信道只容纳一个用户进行通话，许多同时通话的用户互相以信道来区分，这就是多址。移动通信系统是一个多信道同时工作的系统，具有广播和大面积覆盖的特点。在移动通信环境的电波覆盖区内建立用户之间的无线信道连接就是无线多址接入方式，属于多址接入技术。码分多址接入技术就是码分复用的一种方式。

码分多址接入技术的特点是所有子信道都可以在同一时间使用整个信道进行数据传输，它们在信道与时间资源上均是共享的，因此信道的使用效率高，系统的容量大。码分多址接入技术的原理是扩频技术，即用一个带宽远大于信号带宽的高速伪噪声码对需传送的具有一定信号带宽的数据进行调制，使原数据信号的带宽被扩展，再进行载波调制并发送出去；接收方使用完全相同的伪噪声码，对所接收的带宽信号做相关处理，把宽带信号换成原数据的窄带信号，即解扩，以实现信息通信。

码分多址接入技术完全满足了现代移动通信网大容量、高质量、综合业务、软切换等需求，正受到越来越多运营商和用户的青睐。

（三）按照接入共享信道的控制方式分类

接入共享信道的控制方式分为两种：一种是通过集中器或复用器与主机相连的方式；另一种是不用集中器或复用器的接入方式，又称为多点接入技术。

1.通过集中器或复用器与主机相连的方式

复用器是成对使用的。在进行通信时，两个复用器的作用正好相反，一个进行复用，另一个则进行解复用。两个复用器之间的高速线路通常由多个用户共享。复用器是无智能的，一般只能存储转发一个字符或一个比特，现已被集中器所取代。

集中器沿用了复用器的名称，又称为统计复用器或智能复用器。它实际上是一台负责数据通信控制的计算机。它不仅具有对分组进行存储转发的能力，而且具有对用户排序，以合理共享信道的能力。有的集中器还可能具有其他一些功能，如选择路由、数据压缩和差错控制等。它与复用器不同，可在线路的一端单个使用。

2.多点接入技术

通过一条公用信道把所有的用户连接起来，这种技术称为多点接入技术或多址接入技术。公用信道就是被多路用户所共享的信道。属于这一类的信道共享技术又有几种不同的形式，但其共同点是要设法避免用户同时使用公用信道，否则就会产生互相干扰的问题。

多点接入技术的出现比通过集中器或复用器与主机相连的技术晚，但目前应用得较多。多点接入技术又可分为两种：受控接入技术和随机接入技术。其中，受控接入技术的特点是各个用户不能任意接入信道，也就是不能任意向信道上发送数据而必须服从一定的控制。

第七节　数据交换技术

数据交换是指在任意拓扑结构的通信网络中，通过网络节点的某种转换方式实现任意两个或多个系统之间的连接。数据交换是多节点网络中实现数据传输的有效手段。

数据交换通过中间网络实现，这个中间网络具备为数据从一个节点到另一个节点直至到达目的节点提供交换的功能。这个中间网络也称为交换网络，组成交换网络的节点称为交换节点。一般的交换网络都是通信子网。

数据交换的技术主要包括电路交换、报文交换和分组交换。其中，分组交换在实际的数据网中较多采用。在一个采用分组交换的数据网中，除了在相邻交换节点之间实现数据传输与数据链路控制规程所要求的各项功能，在每一个交换节点上尚需完成分组的存储与转发、路由选择、流量控制、拥塞控制、用户入网连接，以及有关网络维护、管理等工作。

一、电路交换

（一）电路交换原理

电路交换也称线路交换（circuit switching）。通信双方首先通过网络节点建立一条专用的、实际的物理线路连接，然后双方利用这条线路进行数据传输。

电路交换的通信过程分为建立线路、传输数据和线路释放 3 个阶段。

1.建立线路

源点向网络发送带目的节点地址的请求连接信号。该信号先到达连接源点的第一个交换节点，该节点根据请求中的目的节点地址，按一定的规则将请求传送到下一个节点；以此类推，直到目的节点。目的节点接收到请求信号后，若同意通信，则从刚才的来路返回一个应答信号。此时，源、目的节点之间的线路即已建成。

2.传输数据

源点在已建立的线路上发送数据和控制信息，直至全部发送完毕。

3.线路释放

源点数据发送完毕，且目的节点也正确接收完毕后，就可由某一点提出拆线请求，并拆除原来建立的线路。

（二）电路交换的优缺点

1.电路交换的优点

在电路交换过程中，用户以固定的速率传输数据，中间节点也不对数据进行其他缓冲和处理，因此电路交换具有数据不丢失、不乱序，传输可靠，传输实时性好，透明性好的优点，适用于交互式会话类通信。

2.电路交换的缺点

一方面，电路交换具有对突发性通信不适应、对线路独占的问题；另一方面，加上通信建立时间、拆除时间和呼叫损耗，电路交换的通信线路使用效率低。此外，电路交换不具备存储数据的能力和差错控制能力。

二、报文交换

（一）报文交换原理

报文交换（message switching）传输的数据单位是"报文（message）"。报文包括要发送的数据、目的地址、源地址及控制信息。

报文交换发送数据时，不需要在信源与信宿之间建立一条专用通道，而是首先由发送方把待传送的正文信息加上相应的控制信息形成一份份报文；再以报文为单位送到各节点；交换节点在接收报文后进行缓存和必要的处理；待指定输出端线路和下一节点空闲时，将报文转发出去，直到目的节点；目的节点将收到的各份报文中的正文信息交付给接收端。

报文交换方式是以报文为单位交换信息。每个报文包括 3 个部分：报头、报文正文和报尾。报头通常由报文编号、发送端地址、接收端地址、报文起始、数据起始及结束标志等控制信息组成。报尾通常包括差错控制信息等。

（二）报文交换特点

①报文的传递采用"存储—转发"方式，多个报文可共享通信信道，线路利用率高。

②通信中的交换设备具有路由选择功能，可动态选择报文通过通信子网的最佳路径，同时可平滑通信量，提高系统效率。

③报文在通过每个节点的交换设备时，都要进行差错检查与纠错处理，减少了传输错误。

④报文交换网络可以进行通信速率与代码的转换。

⑤实时性较差，报文经过中间节点的延时长且不定，当报文较大时，经过网络时的延时会相当长。

⑥中间节点可能发生存储"溢出"，导致报文丢失。

三、分组交换

（一）分组交换原理

分组交换（packet switching）又称报文分组交换，是计算机网络通信普遍采用的数据交换方式。它是为减少报文交换的缺点而提出来的。在分组交换中，将传输的数据分为几个短的分组，一般分组长度为 1 000～2 000 字节，每个分组中加有控制信息，其中包含报文传送的目的地址、分组编号、校验码等。

在线路和节点上，分组交换是以报文分组为单位进行存储、处理和转发的。在原理上，分组交换技术类似于报文交换，只是它们的数据单位不同。在报文分组交换过程中，通常分组的长度小于报文交换中报文的长度。如果站点的信息超过限定的分组长度，该信息必须被分为若干个分组。

与报文交换相比，报文分组交换有以下特点：

①利用节点主存进行存储转发，不需访问外存；处理速度快，降低了传输延迟。

②较短的信息分组，其下一节点和线路的响应时间也较短，可提高传输速率。

③短信息传输中出错的概率小，即使有差错，重发的也只是一个分组，提高了传输效率。

④分组交换的数据报形式可使多个分组在网络的不同链路上并发传送，提高传输效率和线路利用率。

⑤可大大降低对节点存储容量的要求。

⑥分组交换要进行组包、拆包和重装，增加了报文的加工处理时间。

报文分组交换技术是由数据报和虚电路两种传输方式实现的。其中，数据报传输是一种面向无连接的传输方式；虚电路传输是一种面向连接的传输方式。

（二）虚电路传输

虚电路传输是一种面向连接的交换服务。它将电路交换和数据报交换结合起来。在发送分组前，要先建立逻辑连接——虚电路。但是，与电路交换不同的是：

①虚电路交换建立的不是专用线路而是一个逻辑通路，其他分组仍可使用该通路上的各段链路；每个分组除包含数据外，还得包含一个虚电路标识符。

②分组在各节点仍要存储转发，但不必做路由选择，交换完成后用清除请求的分组来清除该条虚电路。

（三）数据报传输

数据报传输类似于邮政系统的信件投递。每个分组都携带完整的源、目的节点的地址信息，独立地传输。每经过一个中间节点时，都要根据目标地址、网络流量及故障等网络当时的状态，按一定路由选择算法选择一条最佳的输出线，直至传输到目的节点。在传输过程中，每个分组可能经过不同的节点，到达的顺序也可能打乱。当所有的分组都到达目的地后，重新把它们按顺序排列，恢复成原来的数据。在数据报分组交换中，各分组的传送没有一条预先规定的路径，每个节点的传输都要进行路由选择。

第八节　差错处理技术

一、差错控制技术

差错控制技术是在数据通信过程中能发现或纠正差错，把差错限制在允许范围内的技术和方法。信号在物理信道中传输时，线路本身电气特性造成的随机噪声、信号幅度的衰减、频率和相位的畸变、电气信号在线路上产生反射造成的回音效应、相邻线路间的串扰，这些现象以及各种外界因素（如大气中的闪电、开关的跳火、外界强电流磁场的变化、电源的波动等）都会造成信号的失真。在数据通信中，接收方收到的二进制数位和发送方实际发送的二进制数位可能会不一致，从而造成由"0"变成"1"或由"1"变成"0"的差错。

传输中的差错都是由噪声引起的。噪声有两大类：一类是信道固有的、持续存在的随机热噪声；另一类是由外界特定的短暂原因所造成的冲击噪声。

最常用的差错控制方法是差错控制编码。数据信息位在向信道发送之前，先按照某种关系附加上一定的冗余位，构成一个码字后再发送，这个过程称为差错控制编码过程。接收方收到该码字后，检查信息位和附加的冗余位之间的关系，以检查传输过程中是否有差错发生，这个过程称为检验过程。

差错控制的方式分为三种，第一种是自动请求重发，第二种是前向纠错，第三种是混合方式。

在自动请求重发方式中，当接收方发现差错时，就设法通知发送方重发，直到收到正确的码字为止。自动请求重发方式只使用检错码。其缺点是信息传递的连贯性差；优点是接收方设备简单，只请求重发，不需要纠正错误。

在前向纠错方式中，接收方不但能发现差错，而且能确定二进制数位发生错误的位置，从而加以纠正。前向纠错方式必须使用纠错码，其缺点是为纠错而附加的冗余位较多，传输效率低；优点是实时性好。

在混合方式中，发送方编码具有一定的纠错能力，接收方对收到的数据进行检测。如果发现有错并且未超过纠错能力，则自动纠错；如果超过纠错能力则发出反馈信息，命令发送方重发。

这几种差错控制方式各有其优缺点和使用范围，若存在反馈信道，而且并不要求实时传输，则自动请求重发方式是很好的选择，因为自动请求重发方式简单而且系统可靠性高。若没有反馈信道或者要求实时传输，则只能选择前向纠错方式。但前向纠错方式纠错能力有限，在信道状况不好时，自动请求重发方式比前向纠错方式的效率高。混合方式在相同条件下可以获得很高的系统性能，但是显然混合方式的系统要比自动请求重发方式和前向纠错方式要复杂。尽管如此，混合方式是主要的差错控制方法。未来通信系统中的高速数据传输对混合方式提出了更高的要求，同时编码技术的进步也为混合方式的发展提供了有力的支持。

二、检错码

检错码是为自动识别所出现的差错而安排的冗余码。常用检错码有以下三种：

（一）奇偶校验码

奇偶校验码是一种最简单的校验码，其编码规则是：先将所要传送的二进制码元分组，并在每组的码元后面附加一位冗余位，即校验位，使该组包括冗余位在内的码元中"1"的个数保持为奇数（奇校验）或偶数（偶校验）。接收方按照同样的规则检查，如发现不符，则说明有错误发生。实际数据传输中所采用的奇偶校验分为垂直奇偶校验、水平奇偶校验和水平垂直奇偶校验三种。其中，垂直奇偶校验是以字符为单位的校验方法。例如，传输的数据信息为"1010001"，采用偶校验时，附加位为"1"，则发送的信息变为"10100011"；采用奇校验时，附加位为"0"，发送的信息变为"10100010"。

（二）循环冗余校验码

循环冗余校验码采用一种多项式的编码方法，把要发送的二进制数据块看成系数只能为"1"或"0"的多项式。一个 k 位的数据块可以看成 X_{k-1} 到 X_0 的 k 项多项式的系数序列。

采用循环冗余校验码时，发送方和接收方必须事先约定一个生成多项式 $G(X)$，并且 $G(X)$ 的最高位和最低位必须是 1。要计算 m 位数据块的 $M(X)$ 的校验和，生成多项式必须比该多项式短。其基本思想是：将校验和附加在该数据块的末尾，使这个带校验和的多项式能被 $G(X)$ 除尽。当接收方收到带校验和的数据块时，用 $G(X)$ 去除它，如果有余数，则传输有错误。

（三）纠错码

纠错码与检错码相比功能更强，它不但能检错还能纠错。汉明码就是一种能够纠正一位错误的纠错码。汉明码是汉明（Richard Wesley Hamming）于1950年提出的一种码制。

1.汉明码的形成

（1）汉明码的组合规则

汉明码是由数据与校验位组合而成的。其组合规则为：将数据与校验位（奇偶校验）自左至右进行编码，其中编号为2的幂的位是校验位，其余为数据位。

（2）校验位值的确定

将每个数据位的编号展开成2的幂的和（每一项不可重复），则每一项所对应的位均为该数据位的校验位。据此，按照奇偶校验规则确定各校验位的值。

例如，要传送的数据为"11001100"，则相应的汉明码为AB1C100D1100，其中A、B、C、D是加入的校验位。然后将每个数据位的编号展开成2的幂的和：$3=2+1$，$5=4+1$，$6=4+2$，$7=4+2+1$，$9=8+1$，$10=8+2$，$11=8+2+1$，$12=8+4$。

从而得出校验位所负责校验的数据位：

第1位即A，是1、3、5、7、9……（所有奇数位数据）的校验位。

第2位即B，是6、7、10、11……的校验位。

第4位即C，是5、6、7、12……的校验位。

第8位即D，是9、10、11、12……的校验位。

最终确定A、B、C、D的值分别为1、0、1、0（这里采用偶校验），因此汉明码为"101110001100"。

2.检错与纠错过程

当对方收到汉明码后应进行以下检错和纠错：

①将出错计数器值置为0。

②依次对每个校验位进行奇偶校验，如果有错则将校验位所对应的编码值加入计数器中，直到每个校验位检查完为止。

③如果出错计数器值为0，则数据传输无错。反之，如果出错计数器值不为0，则数据传输有错，且出错计数器值即为出错数据位的编码。

④将出错数据位的数据取反即可。

需要注意的是，汉明码只能纠正一位错，若多位出错则无能为力。

第三章　电子通信工程设计概述

第一节　电子通信工程设计原则
及其实现措施

一、电子通信工程设计原则

电子通信工程设计需要遵循一定的设计原则，如可靠性原则、可扩展性原则、安全性原则和经济性原则。这些原则确保了通信系统的稳定运行，并能够保证通信系统适应未来技术发展的需要。

（一）可靠性原则

定义：确保通信系统在任何情况下都能稳定运行，不出现中断或故障。
操作建议：在设计阶段进行严格的故障分析和冗余设计，例如使用热备份或冷备份系统，确保主系统出现故障时备用系统能够立即工作。

（二）可扩展性原则

定义：允许通信系统在未来随着技术的发展和用户需求的增加进行扩展和升级。
操作建议：在设计中预留足够的接口和扩展槽位，使用模块化的设计方法，便于未来新硬件或软件的添加。

（三）安全性原则

定义：保护通信系统免受外部威胁（如黑客攻击、恶意软件等）和内部错误（如操作失误、系统故障等）的影响。

操作建议：实施严格的安全策略，包括访问控制策略、加密通信策略、定期的安全审计和漏洞扫描策略，制订应对各种潜在威胁的应急计划。

（四）经济性原则

定义：在满足上述原则的基础上，追求成本效益，确保投资回报。

操作建议：在设计阶段进行成本分析，选择性价比高的设备和材料，同时考虑系统的长期运行和维护成本。

二、电子通信工程设计原则的实现措施

为了确保这些原则得到有效落实，可以采取的措施如下：

①进行详细的需求分析，明确系统的功能和性能要求。

②采用标准化的设计方法，确保设计的合理性和可维护性。

③在设计过程中进行多轮评审和测试，确保系统符合各项要求。

④与用户和其他利益相关者保持密切沟通，确保系统能够满足他们的期望和需求。

⑤不断关注新技术和新标准的发展，及时更新设计，确保系统的先进性和竞争力。

第二节　电子通信工程设计要求

电子通信工程建设是通信运营企业的固定资产投资项目。不管哪一家通信运营企业，都要对固定资产投资项目的建设进行严格控制及管理，都必须遵守电子通信工程建设程序并对工程设计有严格要求。

电子通信工程设计是指根据电子通信工程的要求，对电子通信工程所需的技术、经济、资源、环境、安全等条件进行综合分析、论证，编制电子通信工程设计文件的活动。电子通信工程设计应当与社会、经济发展水平相适应，做到经济效益、社会效益和环境效益相统一。

电子通信工程设计的作用是为建设方把好投资经济关、网络技术关、工程质量关、工程进度关、维护支撑关和安全关。

为了保证设计文件的质量，使设计成果能适应工程建设的需要，达到迅速、准确、安全、方便的目的，电子通信工程设计应符合以下要求：

①设计工作必须全面执行国家、行业的相关政策、法律、法规以及企业的相关规定，设计文件应技术先进、经济合理、安全适用，并能满足施工、生产和使用的要求；

②工程设计要处理好局部与整体、近期与远期、新技术利用与挖潜改造等的关系，明确本期配套工程与其他工程的关系；

③设计企业应对设计文件的科学性、客观性、可靠性、公正性负责，建设方工程建设主管部门应组织有关单位对设计文件进行审议，并对审议的结论负责；

④设计工作要加强技术经济分析，进行多方案的比选，以保证建设项目的经济效益；

⑤设计工作必须执行技术进步的方针，广泛采用适合我国国情的国内外成熟的先进技术；

⑥要积极推行设计标准化、系列化和通用化。

一、标准规范的要求

标准是"以科学、技术和实践经验的综合成果为基础"的统一规定，是大家"共同遵守的准则和依据"。标准也是衡量事物的准则。

规范是对某一工程作业或者行为进行定性的信息规定。因为无法精准定量形成标准，所以被称为规范。规范是指群体所确立的行为标准。它们可以由组织正式规定，也可以是非正式形成的。

（一）标准的分类

标准有多种分类方式，按适用的区域划分，标准可分为如下几种：

①国际标准：主要指国际标准化组织制定的供全球使用的标准。

②区域性标准：某一地区内经协商制定和通行的标准，如欧盟制定的标准。

③国家标准：由国家标准化管理委员会批准、发布，并在全国范围内统一和适用的标准。

④行业标准：由行业标准化委员会正式行文发布，并报国家主管部门备案的标准。

⑤地方标准：由省、自治区或直辖市的标准化主管机构所制定，适用于本地范围的标准。

⑥企业标准：由企业制定并在主管部门备案的标准。一种是内部标准，用于企业的内部管理；另一种是企业按国家相关标准要求针对自己的产品制定的标准。

按是否强制要求执行划分，标准可分为强制性标准和推荐性标准两类。强制性标准必须坚决执行，不符合标准的产品禁止生产、销售和进口。对于推荐性标准，国家鼓励企业自愿采用，一旦采用则应坚决执行。

（二）标准规范的编号规则

1.国家标准编号

国家标准的编号由国家标准的代号、国家标准发布的顺序号和国家标准发布的年号构成：GB ××××—××××。

GB 是强制性国家标准，如《计算机信息系统安全保护等级划分准则》（GB 17859—1999）。

GB/T 是推荐性国家标准，如《移动通信室内信号分布系统天线技术条件》（GB/T 21195—2007）。

2.行业标准编号

通信行业标准编号由行业标准代号、标准顺序号及年号组成：YD ×××
×—××××。

①YD：强制性标准。

②YD/T：推荐性标准。

③YD/C：参考性标准。

④YD/B：技术报告。

⑤YD/N：通信技术规定。

如《通信电源设备安装工程验收规范》（YD 5079—2005）。

3.地方标准编号

地方标准编号由地方标准代号、地方标准发布顺序号和年号三部分组成：
DB××/×××—××××。例如，《厦门市水污染物排放标准》DB 35/322—
2018。

4.企业标准编号

企业标准编号由公司代号、分类号、顺序号和年号四部分组成：QB/××—
×××—××××。如《中国移动（TD/G）双模双待终端规范》（QB/E—007—
2007）。

（三）专业设计标准规范

以移动通信网设计标准规范为例，专业设计标准规范包括但不限于：

《电信设备安装抗震设计规范》（YD 5059—2005）；

《通信建筑抗震设防分类标准》（YD/T 5054—2019）；

《数字蜂窝移动通信网 CDMA2000 工程设计规范》（YD/T 5110—2015）；

《数字蜂窝移动通信网 WCDMA 工程设计规范》（YD/T 5111—2015）。

通信线路工程相关设计标准规范包括但不限于：

《通信线路工程设计规范》（YD 5102—2010）；

《通信线路工程验收规范》（YD 5121—2010）；

《通信管道与通道工程设计标准》（GB 50373—2019）；

《通信管道工程施工及验收标准》（GB/T 50374—2018）；

《光缆线路自动监测系统工程设计规范》（YD/T 5066—2017）；

《光缆线路自动监测系统工程验收规范》（YD/T 5093—2017）。

二、建设、维护和施工单位对设计的要求

对于电子通信工程设计，不同的单位会有不同的要求，甚至在某些方面可能会出现相反的意见。这就需要设计人员从多个方面进行比较分析，并权衡处理。设计人员必须了解各方最基本的合理要求。下面简单介绍各方最基本的合理要求：

（一）建设单位对设计的要求

总的要求：设计经济合理、技术先进、全程全网、安全适用。

对设计文本的要求：勘察认真细致，设计全面详细；要有多个方案的比选；要处理好局部与整体、近期与远期、采用新技术与挖潜利用的关系。

对设计人员的要求：要理解建设单位的意图；熟悉工程建设规范、标准；熟悉设备性能、组网、配置要求；了解设计合同的要求；掌握相关专业工程现状。

（二）施工单位对设计的要求

总的要求：能准确无误地指导施工。

对设计文本的要求：设计的各种方法、方式在施工中具有可实施性；图纸设计尺寸规范、准确无误；明确原有、本期、今后扩容各阶段工程的关系；预算的器材、主要材料不缺不漏；定额计算准确。

对设计人员的要求：熟悉工程建设规范、标准；掌握相关专业工程现状；认真勘察；具有一定的工程经验。

（三）维护单位对设计的要求

总的要求：安全；维护便利（机房安排合理、布线合理、维护工具配备合理）；有效（自动化、无人值守）。

对设计文本的要求：要征求维护单位的意见；处理好相关专业之间及原有、本期、扩容工程之间的关系。

对设计人员的要求：要熟悉各类工程对机房的工艺要求，了解相关配套专业的需求；具有一定的工程经验。

三、初步设计的内容要求

初步设计人员应在可行性研究报告批复和初步设计委托书（或设计合同）的基础上，详尽地收集各方面的基础资料，进行项目技术上的总体设计，确定明确的方案以指导设备订货，对主要材料和设备进行询价，编制工程概算，进行施工准备，确定建设项目的总投资额。

初步设计的内容要求主要包括如下 3 个部分：

（一）设计说明

设计说明包括网络现状及分析、建设原则、工程方案、系统配置、网络结构、节点设置、设备选型及配置、接口参数、保护方式、网管、设备安装和布置方式、电源系统、告警信号方式、布线电缆的选用及其他需要说明的问题。

每个建设项目都应编制总体设计文件（即综合册），其内容应包括设计总说明及附录，各项设计总图、总概算编制说明及概算表。设计总说明主要应描述的内容有：

①应扼要说明设计依据（如可行性研究报告、方案设计或设计合同、委托书、任务书等主要内容）及结论意见；

②叙述本工程设计文件应包括的各单项工程编册及其设计范围分工；

③建设地点现有通信情况及需求；

④设计利用原有设备及局所房屋的意见；

⑤本工程需要配合及注意解决的问题，如地震设防、人防、环保等要求，后期发展与影响经济效益的主要因素，本工程的网点布局、网络组织，主要的通信组织等；

⑥表列本期各单项工程规模及可提供的新增生产能力，并附工程量表、增员人数表、工程总投资及新增固定资产值、新增单位生产能力、综合造价、性能指标及分析、本期工程的建设工期安排意见；

⑦其他有必要说明的问题。

（二）概算

概算包括编制说明、依据、各项费率的确定方法等，以及完整的概算表。

（三）图纸

图纸包括系统配置图、网络结构图、网管系统图、机房设备平面布置图、机房电源图、告警系统布缆计划及设备公用图等。

四、施工图设计的内容要求

施工图设计人员要根据初步设计的批复，经过工程现场勘察，进一步对设备安装方面的图纸进行细化，同时依据主要通信设备订货合同进行预算编制。施工图设计文件是控制安装工程造价的重要文件，施工图预算是估算工程价款、与发包单位进行结算及考核工程成本的依据。

施工图设计的基本内容与初步设计一致，是初步设计的完善和补充，以达到深度指导施工的目的，内容包含设计说明、预算、图纸等三大部分。施工图设计说明除应对初步设计说明的内容进一步进行论述外，还应通过实地测量对各个单项工程的具体问题进行详尽说明，使施工人员能深入领会设计意图，做到按设计施工。与初步设计相比，施工图设计增加了实际的施工图纸，将概算改为施工图预算。施工图设计应全面贯彻初步设计的各项重大决策，应核实与初步设计的不同之处并进行调整，针对网络方案变更予以说明，施工图预算总额原则上不能超出初步设计概算。

在施工图设计过程中，设计人员在对现场进行详细勘察的基础上，对初步设计进行必要的修正和细化，绘制施工详图，标明通信线路和通信设备的结构尺寸、安装设备的配置关系及布线，明确施工工艺要求，根据实际签订的主要设备订货合同编制施工图预算，并添加必要的文字说明，以表达设计意图，其内容应能满足指导施工的需要。

各单项工程施工图设计说明应简要说明批准的本单项工程部分初步设计方案的主要内容并对修改部分进行论述，注明有关批准文件的日期、文号及文件标题，提出详细的工程量表。施工图设计可不编制总体部分的综合册文件。

以通信线路单项工程为例，施工图设计的主要内容如下：

①批准的初步设计的线路路由总图。

②通信光缆线路敷设定位方案（包括无人值守中继站、光纤直放站）的说明，并附在测绘地形图上，以绘制线路位置图，标明施工要求，如埋深、保护段落及措施、必须注意施工安全的地段等；无人值守中继站、光纤直放站的站内设备安装及地面建筑的安装施工图。

③线路穿越各种障碍的施工要求及具体措施。对比较复杂的障碍点应单独绘制施工图。

④通信管道、人孔、手孔、光/电缆引上管等的具体定位位置及建筑形式，人孔、手孔内有关设备的安装施工图及施工要求；管道、人孔、手孔结构及建筑施工采用的定型图纸，非定型设计应附结构及建筑施工图；对于有其他地下管线或障碍物的地段，应绘制剖面设计图，标明其交点位置、埋深及管线外径等。

⑤线路的维护区段的划分、机房设置地点及施工图（机房建筑施工图另由建筑设计单位编发）。

⑥枢纽楼或综合大楼光缆进线室终端的铁架安装图、进局光缆终端施工图。

设计文本的编写必须非常严谨，应用语得当、文字流畅，要特别注意计量单位的正确书写。

根据以往设计审核过程中的发现，一些法定计量单位的书写较易出错。

第三节　电子通信工程设计流程

电子通信工程设计过程是一种特殊产品（文本）的生产过程，有和普通产品生产过程的共性，例如产品（设计文本）的输入、产品生产（设计）过程的控制和产品的输出等。对设计过程的控制一般都是采用设计、核对、审核和批准等几道控制程序，但对于各个环节的具体控制和管理，不同的设计单位会有所不同。

一、项目策划

项目策划的目的是保证规划/设计成果的质量。项目总负责人站在更高的角度进行事前指导。策划内容主要包括人力资源配置、进度计划、质量控制要点、政策法规以及强制性规范注意要点等。

二、收集输入资料，制订勘察计划

收集相关的输入资料及数据，包括历史资料、最新的技术资料等，并制订勘察方案和勘察计划。设计输入主要应包括以下内容：

①合同/任务书/委托书，包括合同洽谈记录等。

②引用的设计规范、技术标准。

③采用设计文件的内容格式。

④外部资料、勘察报告，包括调研资料、设备合同、系统开发合同等。

三、现场采集数据（勘察）

现场采集数据通常称为现场勘察。现场勘察是设计工作重要的环节之一，现场勘察所获取的数据是否全面、详细和准确，对规划/设计的方案比选、设计的深度、设计的质量起到至关重要的作用。因此，设计人员要采用必要的工具、仪表，深入工程现场做细致的调查和测量，并准确记录数据。

四、设计输入验证

对于设计输入的验证，要求审查引用的标准、规范是否齐全、正确及有效，检查采集的数据是否满足合同要求，检查勘察记录是否有缺漏，记录的数据是否准确。对一些通过统计、计算得出的数据，应检查统计、计算方法是否正确，检查统计、计算结果是否有误，检查机房平面布置是否合理。

引用的标准、规范在设计说明文本的设计依据部分体现。设计依据不仅包括该工程设计的会审纪要和批复文件、该工程重大原则问题的会议纪要、设计人员赴现场勘察收集掌握的和厂家提供的资料，还包括有效的技术体制，设计规范，施工验收规范，概预算编制办法及定额等的标准号及名称。

由于规范/标准在不断地发展和更新，设计人员应当注意及时更新规范/标准，确保设计输入的规范/标准的有效性和先进性。同时应注意在进行施工图设计时对工程验收规范的应用，因为有些技术参数可能在验收规范中有具体的上限或下限要求。但为便于设计人员根据实际情况灵活应用，设计规范中可能只提及原则，因此这些参数的上限或下限只能在验收规范中才能找到。另外，在验收规范中，有许多条文是这样写的："××应符合设计的要求或规定。"这就说明设计文本中必须明确提出要求或规定，所以工程验收规范也是施工图设计的输入依据之一。

五、编写设计文本

设计说明应全面、准确地反映该工程的总体概况，如工程规模、设计依据、主要工程量及投资情况。设计说明应通过简练、准确的文字对各种可供选用的方案进行比较并得出结论，说明单项工程与全程全网的关系、系统配置和主要设备的选型情况等，反映该工程的全貌。

可行性研究、方案设计以及初步设计一般应做详细的方案比选。在方案比选过程中，设计人员可以用不同的路由、不同的组网方式、不同的保护方案、不同的设备配置等形式组成不同的方案，从技术性、经济性、可靠性、实用性等方面进行比较。

六、设计校审

设计校审是设计过程中必不可少的一个重要环节，是保证设计质量的重要手段之一。根据实际情况和特点的不同，不同设计单位设计校审的做法也有所不同。例如，有的设计单位结合自身二级机构设置情况和二级机构控制能力的实际情况，对项目的可行性研究和初步设计均采用三级校审控制程序，对常规项目的施工图设计一般采用二级校审控制程序。

（一）一审

一审是设计校审的第一关，对设计的质量至关重要。往往一审人员对许多具体的、细节的问题比较清楚。一审人员审核的要点及要求如下：

①校审设计的内容格式（包括封面、分发表）是否符合规定要求。

②设计是否符合任务书、委托书及有关协议文件设计规模的要求；设计深度是否符合要求。

③设计的依据，引用的标准、规程、规范和对设计内容的论述是否正确、清晰明了；可行性研究、初步设计是否有多方案比较；设计方案、技术经济分析和论证是否合理。

④所采用的基础数据、计算公式是否正确，计算结果有无错误。

⑤各单项或单位工程之间的技术接口有无错漏。

⑥设计的图纸和采用的通用图纸是否符合规定要求，图纸中的尺寸、材料规格、数量等是否正确。

⑦设备、工器具和材料型号规格的选择是否切合实际；概预算的各种单价、合计、施工定额和各种费率是否正确。

⑧按以上各要点对设计文件进行认真校审后，对设计质量做出准确评价；如果设计内容有质量问题，要在质量评审流程上做好详细的质量要点记录。必要时，对关键要点进行跟踪、指导。

⑨校审人员必须做好质量记录和各项标识并签字后才能将设计文件移交下一级进行校审。

（二）二审

一审后一般由部门组织二审，二审人员审核的要点及要求如下：

①审核设计方案、引用的标准与规范以及技术措施是否正确，是否经济合理、切实可行，设计深度是否达到规定要求。

②设备、工器具和主要材料的型号及规格的选用是否正确、合理。

③设计的计算数据等有无差错。

④与其他专业或单项工程之间的衔接、配合是否合理。

⑤概预算费率和各种费用合计及总表是否准确。

⑥各道工序质量控制的记录是否完备。

⑦检查设计人员是否对审核人员指出的问题进行了修改，是否对有争议的问题做出了判断。如果设计人员没有认真修改一审人员提出的问题，或者上

一级校审不认真，质量记录和标识不完善，二审人员有权拒绝校审。

⑧按以上各要点对设计文件进行认真校审后，二审人员应对设计质量做出准确评价。如果设计内容有质量问题，二审人员需在工程设计质量评审流程上做好详细的质量要点记录。必要时，对关键要点进行跟踪、指导。

（三）三审

三审主要针对原则性、政策性问题进行把关和控制，一般由公司或院级审定人员审核，公司或院级审定人员审核的要点及要求如下：

①审核总体设计方案是否正确、合理，设计深度是否符合标准、规范的要求；所引用的技术标准、规程、规范是否正确、有效。

②设备、器材型号、规格的选用是否得当，项目中采用的新技术是否可行。

③技术、经济指标及论证是否合理。

④各专业之间技术接口的衔接、配合是否完整且合理。

⑤各种图纸的内容是否符合规范要求。

⑥对于设计概预算是否正确，公司或院级审定人员不可能做详细核算，一般应根据工程规模和综合造价进行简单校验。如果校验后发现设计概预算存在问题，应进一步深入细查。

⑦检查设计人员是否对上一级审核人员指出的问题进行了修改，并对有争议的问题做出判断。如果设计人员没有认真修改二审人员提出的问题，或者上一级校审不认真，质量记录和标识不完善，三审人员有权拒绝校审。

⑧按以上各要点对设计文件进行认真校审后，对设计质量做出准确评价。如果设计内容有质量问题，要在校审后做好详细的质量要点记录。必要时，对关键要点进行跟踪、指导。

七、出版、分发及存档

设计文本经过各级审核、批准后，按合同或相关规定的要求出版相应数量的文本，并按时递送到相关单位或部门，设计单位同时做好设计文本的归档工作。

八、设计回访

设计回访是设计质量改进不可缺少的一个环节。设计回访应听取多方意见，一是建设单位工程主管部门的意见，二是建设单位运营维护部门的意见，三是施工单位的意见，四是监理单位的意见。设计人员要根据设计回访收集的意见进行质量分析，提出预防和改进措施。

第四章 电子通信工程项目建设及监理

第一节 通信网络结构
及电子通信工程项目的特点

一、通信网络结构

信息通信业是构建国家信息基础设施,提供网络和信息服务,全面支撑经济社会发展的战略性、基础性和先导性行业。随着互联网、物联网、云计算、大数据等技术的快速发展,信息通信业的内涵不断丰富,从传统电信服务、互联网服务延伸到物联网服务等新业态。

通信网络能够实现信息的连接,完成人与人、人与物、物与物间的信息传递,并可以对信息进行一定的处理。最简单的通信系统一般由信源、发送设备、传输信道、接收设备和信宿几部分组成。通信系统可实现点对点通信,可通过交换控制设备使多个通信系统有机地组成一个整体,实现多用户之间的通信,多个通信系统协同工作,形成通信网络结构。为了实现全球几十亿人、几百亿服务器和传感器全面交互话音信息、视频信息、数据信息等各类信息,事实上,通信网络结构远比我们想象的更为庞杂。

当前,运营商的网络层次可分成骨干网、本地网(城域网)和接入网三大层级。

接入网最靠近用户,是用于接入各类通信终端或用户的专网。接入网按技术可以分为无线接入网和有线接入网两大类。无线接入网包括 3G 无线网、4G 无线网、5G 无线网、Wi-Fi 等。无线基站信号覆盖半径一般从几十米到几千米,无线基站的信号基本通过有线接入网(基站回传网也属于有线接入网)来传输。典型的有线接入网包括 FTTH(fiber to the home,光纤到户)、PON(passive optical network,无源光网络)和 MSTP(multi-service transport platform,多业务传送平台)接入网等。

随着技术的发展应用及国家战略的推进,光纤逐步向用户端延伸,铜缆逐步退网,我国城市地区 90%以上的家庭已具备光纤接入能力,行政村通光缆比例近年超过 98%,所以无论有线接入网采用什么技术,其底层的通信介质几乎都是光纤光缆。接入网虽然位于网络最末梢,但犹如神经末梢,其数量非常大。

接入网将通信信号从用户向上连接到本地网(城域网)进行中继或处理。本地网覆盖若干个县市或地市区域,本地网从纵向层次还可分成侧重于传输承载的传输网(包括底层光缆网)和 IP 网,以及侧重于控制处理的核心网、业务平台、IT(information technology,信息技术)支撑系统等。

骨干网实现更广的连接本地外的通信。骨干网纵向层级的划分和本地网类似,从横向地域可再分为省内干线、省际干线、国际干线 3 个层级。由于部分网络有集中化的发展趋势,所以部分中小型本地网的核心网、业务平台及 IT 支撑系统的很多功能将集中到骨干层统一实现。不同运营商间的网络互联互通大多在骨干网层面进行。

除了以上各类网络,通信网络还离不开重要的基础设施或配套设施,如容纳各类通信设备的通信机楼、接入局所等局房。

由于通信运营商的通信网络本身非常复杂,并且新技术、新应用层出不穷,运营商也在进行网络重构,所以不同人基于不同视角对网络结构会有不同的理解。从功能划分的角度看,网络由基础设施层、网络功能层和协同编排层 3 个层面构成。

（一）基础设施层

基础设施层由虚拟资源和硬件资源组成，包括统一云化的虚拟资源池、可抽象的物理资源和专用高性能硬件资源，是以通用化和标准化为主要目标提供基础设施的承载平台。其中，虚拟资源池主要基于云计算和虚拟化技术实现，由网络功能层中的云管理平台、VNFM（virtualized network function manager，虚拟化网络功能管理器）及控制器等进行管理，而难以虚拟化的专用硬件资源则主要依赖现有的 EMS（element management system，网元管理系统）或 NMS（network management system，网络管理系统）进行管理，某些物理资源还可以通过引入抽象层的方式被控制器或协同器等进行管理。

（二）网络功能层

网络功能层面向软件化的网络功能，结合虚拟资源、物理资源等的管理系统/平台，实现逻辑功能和网元实体的分离，以便于资源的集约化管控和调度。其中，云管理平台主要负责对虚拟化基础设施的管理和协同，特别是对计算、存储和网络资源的统一管控；VNFM 主要负责对基于 NFV（network functions virtualization，网络功能虚拟化）实现的虚拟网络功能的管理和调度，控制器主要负责对基于 SDN（software defined network，软件定义网络）实现的基础设施的集中管控。

（三）协同编排层

协同编排层提供对网络功能的协同和面向业务的编排，结合 IT 系统和业务平台的能力化加快网络能力开放，快速响应上层业务和应用的变化。其中，网络协同和业务编排器主要负责向上对业务需求的网络语言进行翻译及对能力的封装进行适配，向下对网络功能层中的不同管理系统和网元进行协同，从而保证网络层面的端到端打通；IT 系统和业务平台的主要作用则是对网络资源进行能力化和开放化封装，以便于业务和应用的标准化调用。

二、电子通信工程项目的特点

按专业或业务分类，电子通信工程项目一般可划分为无线网、传输网、数据网、核心网、业务网、有线接入网、IT 系统、基础设施、局房等类别。按工程性质划分，电子通信工程项目可以分为基本建设项目和技术改造项目，其中基本建设项目还可划分为新建项目、改建项目、扩建项目、迁建项目和恢复工程。

电子通信工程项目有如下特点：

①全程全网联合作业。工程建设必须符合统一的网络组织原则、统一的技术标准，实现各个组成部分的协调配套，以更好地发挥投资效益。

②网络建设坚持高起点。通信技术发展快，新技术、新业务不断更新换代。电子通信工程项目建设人员必须充分应用新技术、新设备，以保证网络的先进性，提高劳动生产率和服务水平。

③电子通信工程项目数量多，规模大小悬殊。通信网络是现代信息社会的基础设施，可以说有人类活动的地方就需要通信设施。通信网络点多、线长、面广，工程建设项目数量多，分布于全国乃至世界各地，规模大小悬殊，工程建设管理具有一定的难度。

④需处理好新建工程与原有网络的关系。很多电子通信工程项目是对原有网络的扩充、提升与完善，也可视为对原有通信网的调整改造，因此必须处理好新建工程与原有网络的关系，处理好新旧技术的衔接和兼容，并保证原有业务的运行不受影响。

第二节　电子通信工程项目建设主要技术

一、SDH

SDH（synchronous digital hierarchy，同步数字体系），是由一些 SDH 网元组成的，在光纤上进行同步信息传输、复用和交叉连接的网络，具有全球统一的 NNI（网络节点接口），简化了信号的互通、传输交叉及连接过程。

SDH 具有标准化的块状帧结构，安排较多的开销比特用于网络中的 OAM（operation administration and maintenance，操作维护管理）单元，基本速率等级为 STM-1，经同步复用后，可达到 STM-4、STM-16、STM-64、STM-N 等高速率信号。

SDH 基本网络单元包括终端复用器、分插复用器、数字交叉连接设备、再生器等。

SDH 具有如下特点：

①SDH 传输系统在国际上有统一的帧结构数字传输标准速率和标准的光路接口，使网管系统互通，因此有很好的横向兼容性。

②由于采用了较先进的分插复用器、数字交叉连接设备，网络的自愈功能和重组功能就显得非常强大，具有较强的生存性。

③SDH 有传输和交换的性能。它的系列设备能通过功能块的自由组合，实现具有不同层次和各种拓扑结构的网络。

④SDH 是严格同步的，从而保证了整个网络稳定可靠，误码少，并且便于复用和调整。

二、MSTP

MSTP 是基于 SDH 的平台，同时实现 TDM（time-division multiplexing，时分复用技术）、ATM（automated teller machine，自动取款机）、以太网等多种业务的接入、处理和传送，提供统一网管的多业务节点。因为 MSTP 是基于 SDH 技术的，所以 MSTP 对于 TDM 业务兼容性好。技术的难点是如何利用 SDH 来支持 IP 业务，即如何将 IP 数据映射到 SDH 帧中。

MSTP 具有如下技术特点：

①继承了 SDH 技术的诸多优点：如良好的网络保护倒换性能、较好的对 TDM 业务的支持能力等。

②支持多种物理接口：由于 MSTP 设备负责业务的接入、汇聚和传输，所以 MSTP 必须支持多种物理接口，从而支持多种业务的接入和处理。常见的接口类型有 TDM 接口、SDH 接口、以太网接口、POS（point of sales，销售点）接口。

③支持多种协议：通过对多种协议的支持来提高网络边缘的智能性；通过对不同业务的聚合、交换或路由来提供对不同类型传输流的分离。

④支持多种光纤传输：MSTP 根据在网络中位置的不同，有着多种不同的信号类型。

⑤提供集成的数字交叉连接交换：MSTP 可以在网络边缘完成大部分交叉连接功能，从而节省传输带宽以及核心层中交叉连接系统端口。

⑥支持动态带宽分配：可以实现对链路带宽的动态配置和调整。

⑦链路的高效建立能力：MSTP 能够提供高效的链路配置、维护和管理能力。

⑧协议和接口的分离：提高了在使用给定端口集合时的灵活性和扩展性。

⑨提供综合网络管理功能：MSTP 提供对不同协议层的综合管理，便于网络的维护和管理。

三、PTN

PTN（packet transport network，分组传送网）是一种光传送网络架构和技术。PTN 在 IP 业务和底层光传输媒质之间设置了一个层面，它针对分组业务流量的突发性和统计复用传送的要求而设计，以分组业务为核心并支持多业务提供，具有更低的总体成本。它继承了光传输的传统优势，具有高可用性和可靠性、高效的带宽管理机制和流量工程、便捷的 OAM、较高的安全性等。

PTN 技术主要应用于城域网的接入汇聚层，提供基站、大客户专线等业务。

PTN 可以支持多种基于分组交换业务的双向点对点连接，具有适合各种粗细颗粒业务、端到端的组网能力，提供了更加适用于 IP 业务特性的"柔性"传输管道；具备丰富的保护方式，遇到网络故障时，能够实现基于 50 ms 的电信级业务保护倒换，实现传输级别的业务保护和恢复；继承了 SDH 技术的操作、管理和维护机制；完成了与 IP/MPLS（multi-protocol label switching，多协议标签交换）多种方式的互联互通，可以无缝承载核心 IP 业务。总之，PTN 具有完善的 OAM 机制、精确的故障定位和严格的业务隔离功能，能够最大限度地管理和利用光纤资源，保证了业务安全性，结合 GMPLS（general multi-protocol label switching，通用多协议标签交换）技术可实现资源的自动配置及网状网的高生存性。

四、IP RAN

IP RAN（Internet protocol radio access network，基于 IP 技术的无线接入网络）是随着移动通信的发展而兴起的传输技术，它是针对无线基站回传的应用场景提出的解决方案，是一种基于 IP 包的分组复用网络，以路由器技术为核心，通过提升交换容量，提高了操作维护管理能力和保护能力。IP RAN 的本质是分组化的移动回传。

随着移动通信日趋宽带化和 IP 化，基于 TDM 的 MSTP 无论是从容量上还是从技术上，都无法满足移动回传的需求，建设新型的分组化移动回传网势在必行。在此背景下，基于 IP/MPLS 组网的 IP RAN 成为重要的技术选择。IP RAN 采用成熟的 IP 组网技术，同时吸取了传统传输网的管理理念，是实现移动与固定宽带业务统一承载的重要手段。

IP RAN 在城域汇聚/核心层采用 IP/MPLS 技术，接入层主要采用二层增强以太技术，或采用二层增强以太与三层 IP/MPLS 相结合的技术方案。设备形态一般为核心汇聚节点采用支持 IP/MPLS 的路由器设备，基站接入节点采用路由器或交换机。其主要特征为 IP/MPLS/以太转发协议、TE FRR（traffic engineer fast reroute，流量工程和快速重路由）、以太环/链路保护技术（接入层）、电路仿真、MPLS OAM、同步等。IP RAN 技术与 PTN 技术相比增加了三层全连接自动选路功能，适用于规模不大的城域网。

五、DWDM

WDM（wavelength division multiplexing，波分复用）技术利用单模光纤的带宽以及低损耗的特性，采用多个波长作为载波，根据每一个信道光波的频率（或波长）不同，将光纤的低损耗窗口划分成若干个信道，从而在一根光纤中实现多路光信号的复用传输。

与通用的单信道系统相比，DWDM（dense wavelength division multiplexing，密集波分复用）采用光频分复用的方法来提高系统的传输容量，充分利用了光纤的带宽。

按一根光纤中传输的光通道是单向的还是双向的，DWDM 系统可以分成单纤单向系统和单纤双向系统两种；按和客户端设备之间是否有 OTU（optical transform unit，光波长转换单元），DWDM 系统可以分成开放式系统和集成式系统两种。DWDM 具有如下特点：

（一）超大容量

常用的普通光纤可传输的带宽是很宽的，但其利用率很低。使用 DWDM 技术可以使一根光纤的传输容量比单波长传输容量增加几倍、几十倍乃至几百倍，节省了光纤资源。

（二）数据透明传输

DWDM 系统按不同的光波长进行复用和解复用，而与信号的速率和电调制方式无关，即对数据是"透明"的。因此，DWDM 系统可以传输特性完全不同的信号，完成各种电信号的综合和分离，包括数字信号和模拟信号的综合与分离。

（三）系统升级时能最大限度地保护已有投资

在网络扩充和发展过程中，工作人员不用对光缆线路进行改造，只需升级光发射机和光接收机即可。因此，DWDM 技术是理想的扩容手段，也是引入宽带业务的方便手段。

六、ASON

在传统的网络拓扑中，跨环节点成为业务调度的"瓶颈"。由于数据业务的突发性特点，业务调度需要实现自动按需申请，传统的半静态配置模式无法满足要求。为实现光网络的灵活调度，降低网络的运营成本，ASON（automatically switched optical network，自动交换光网络）应运而生。

ASON 是指在选路和信令控制之下完成自动交换功能的新一代的智能光网络，也可以看作是一种具备标准化智能的光传送网。

ASON 不同于传统光传送网的根本点是引入了控制平面，其在逻辑上由传送平面、控制平面和管理平面三个平面组成。ASON 是通过提供自动发现和动态连接建立功能的分布式控制平面，在 OTN（optical transport network，光传送网）或 SDH 网络之上，实现动态的、基于信令和策略驱动控制的一种网络。ASON 的核心技术主要包括信令、路由和自动发现等。

ASON 的特点如下：

①ASON 技术可采用信令和路由自动创建电路，增强传送网对电路业务的反应能力。

②ASON 技术的引入使多种保护恢复机制得以实现，提高了网络自身的生存性。

③ASON 技术的引入可促使传送网向业务网发展，提高了物理承载网络的地位。

④ASON 技术可对网络传输提供分等级的保护恢复，可提供不同业务质量。

在当前以 IP 为主的数据业务快速增长的形势下，传统的光传送网已经不能满足用户日益增长的业务需求，亟待升级。ASON 技术的发展为当前光传送网的优化、升级提供了一种有效的手段。

第三节　电子通信工程项目生命周期
及工程建设一般程序

一、工程项目生命周期

工程项目投资额巨大，使用年限和投资回收期长，对资源的消耗和对环境的影响大，所以有关单位应从工程项目的生命周期出发进行决策、设计和施工，并进行系统管理，提高工程项目全生命周期的价值。工程项目的生命周期通常可划分为 3 个阶段：决策阶段、实施阶段和运营阶段（使用阶段）。

二、工程建设一般程序

电子通信工程项目建设程序大致可划分为 3 个时期 10 个步骤。

项目建设的 3 个时期分别为建设前期、建设时期和竣工投产时期。建设前期包括项目建议书编制、可行性研究和专家评估、设计合同/委托书签订 3 个步骤；建设时期包括初步设计、施工图设计和工程施工 3 个步骤；竣工投产时期包括工程初步验收、工程试运行、竣工验收及交付使用、投产运营 4 个步骤。其中对于小工程项目、技术成熟的扩容工程项目等，建设时期可以省去初步设计阶段，竣工投产时期也可采用简化的验收程序。

（一）项目建议书编制

项目建议书是根据通信业务发展需要和通信网络的总体规划而提出的。编制项目建议书是工程建设程序中最初阶段的工作。项目建议书是投资决策前拟定的该项目的轮廓设想，主要包括如下内容：

①项目提出的背景、建设的必要性和主要依据。

②建设规模、地点等初步设想。

③工程投资估算和资金来源。

④工程进度和经济效益、社会效益估计。

根据项目规模、性质，项目建议书须报送至相关计划主管部门审批。

（二）可行性研究和专家评估

可行性研究是对建设项目在技术、经济上是否可行的分析论证。可行性研究是工程规划阶段的重要组成部分。项目建议书经主管部门批准后，相关单位要进行可行性研究工作，对于利用外资的项目，还需要对外开展商务洽谈。

电子通信工程可行性研究的主要内容如下：

①项目提出的背景、投资的必要性和意义；

②可行性研究的依据和范围；

③提出拟建设的规模和发展规模，以及对新增的通信能力等的预测；

④实施方案的比较论证，包括不同组网方案、设备的配置方案、网络保护方案、配套设施等；

⑤实施条件，对于试点性工程或首次应用新技术的工程，应阐述理由；

⑥实施进度建议；

⑦投资估计及资金筹措计划；

⑧经济及社会效益的评价。

对于项目的可行性研究，国家和各部委、地方都有具体要求。凡是大中型项目、利用外资项目、技术引进项目、主要设备引进项目、重大技术改造项目等，都要进行可行性研究。

在实际建设过程中，有时会将项目建议书编制与可行性研究合并进行，这根据主管部门的要求而定，但对于大中型项目来说，还是分别进行为好。

专家评估是指由项目主要负责部门组织理论扎实、实际经验丰富的专家，对可行性研究的内容进行技术、经济等方面的评价，由专家提出具体的意见和建议。专家评估报告是主管领导决策的主要依据之一，对于重点工程、技术引进项目等，进行专家评估意义重大。

（三）设计合同/委托书签订

设计合同/委托书是确定建设方案和建设规模的基本文件，是编制设计文件的主要依据。设计合同/委托书应根据可行性研究推荐的最佳方案编写，然后根据项目的规模送相关审批部门进行审批，批准后方生效。

设计合同/委托书的主要内容包括：

①建设目的、依据和建设计划规模；

②设备配置及配套的原则；

③预期增加的通信能力；

④本项目与全网的关系；

⑤经济效益预测、投资回收年限估计。

（四）初步设计

设计阶段的划分根据项目的规模、性质等不同情况而定。一般大中型项目采用两阶段设计，即初步设计和施工图设计。大型、特殊工程项目或技术上比较复杂而缺乏设计经验的项目可实行三阶段设计，即初步设计、技术设计和施工图设计。技术成熟的小型项目可采用一阶段设计（即施工图设计）。例如，技术比较成熟或利用相同设备的小规模扩容工程可以采用一阶段设计。

初步设计的目的是根据已批准的可行性研究报告以及设计任务书或审批后的方案报告，通过进一步深入的现场勘察、勘测和调查，确定工程初步建设方案，并对方案的技术指标和经济指标进行论证，编制工程概算，提出该工程所需投资额，为组织工程所需的器材供应、制订工程建设进度计划提供依据。初步设计的内容要求本书第三章已有介绍，在此不再赘述。初步设计一经批准，执行中不得任意修改、变更。

（五）施工图设计

施工图设计文件是工程建设的施工依据。施工图设计的目的是按照经过批准的初步设计进行定点、定线测量，将各项技术措施具体化，以满足工程施工的要求。施工图设计的内容要求本书第三章中也已介绍，在此不再赘述。

（六）工程施工

通过工程施工招标，建设单位选定工程建设施工单位，并与施工单位签订施工合同，施工单位应根据建设项目的进度和技术要求编制施工组织计划，并做好开工前相应的准备工作。

施工单位应按照施工图设计规定的工作内容、合同要求和施工组织设计，组织与工程量相适应的一个或多个施工队伍和设备安装队伍进行施工。在工程施工前，施工单位应向建设单位主管部门呈报施工开工报告或办理施工许可证，经批准后才能正式开工。施工单位要精心组织施工，确保工程的施工质量，施工过程中如有设计变更，应由设计单位出具设计变更单。

（七）工程初步验收

工程项目内容按批准的设计文件要求全部建成后，施工单位应根据相关工程验收规范，编制工程验收文件和初步验收申请，报送建设单位工程主管部门。由建设单位工程主管部门组织相关的投资管理单位、档案管理单位以及设计、施工、维护管理等单位进行初步验收，并向上级有关部门呈报初步验收报告。初步验收后的电子通信工程一般由维护单位代为维护。

初步验收合格后的工程项目即可进行工程移交，开始试运行。

（八）工程试运行

工程试运行是指工程初验后到正式验收、移交之间的设备运行。一般试运行期为 3 个月，大型或引进的重点工程项目试运行期可适当延长。在试运行期间，由维护部门代为维护，但施工单位负有协助处理故障确保工程正常运行的职责，同时应将工程技术资料、借用的工具以及工程余料等及时移交给维护部门。

在试运行期间，维护部门应按维护规程要求进行检查，证明系统已达到设计文件规定的生产能力和相关指标。试运行期满后，维护部门应编写系统使用情况报告。

（九）竣工验收及交付使用

在试运行期间，电路或业务的开放应按有关规定进行管理，当工程试运行结束并具备验收交付使用的条件后，由建设单位工程主管部门及时组织相关单位的工程技术人员对工程进行系统验收，即竣工验收。竣工验收是指对电子通信工程进行全面检查和指标抽测，验收合格后签发验收证书，表明工程建设告一段落，正式投产交付使用。

对于中小型工程项目或者扩容工程，可视情况适当简化手续，可将工程初步验收与竣工验收合并进行。

（十）投产运营

工程建设项目经过竣工验收后，将转为固定资产管理，同时由试运行维护转入日常的维护管理，投入正常运营，发挥其运营效益。

第四节　电子通信工程项目监理

电子通信工程项目监理包括对设计、施工等阶段的监理。监理单位也可根据委托监理合同约定，对其中某个阶段实施监理。

一、设计阶段的监理

设计阶段监理的主要工作包括：

①协助建设单位选定设计单位，商议签订设计合同并监督和管理设计合同的实施；

②协助建设单位提出设计要求，参与设计方案的选定；

③协助建设单位审查设计和概预算，参与施工图设计阶段的会审；

④协助建设单位组织设备、材料的招标和订货。

二、施工准备阶段的监理

施工准备阶段的监理工作包括如下内容：

①项目交底：参加设计交底和设计图纸会审，了解设计意图和技术质量标准，找出工程重点、难点，制定监理工作计划。

②施工方案审查：协助建设单位审查和批准施工单位提出的施工组织设计、安全技术措施、施工技术方案和施工进度计划；检查施工单位在工程项目上的安全生产规章制度和安全监管机构的建立、健全及专职安全生产管理人员的配置情况。

③资格审查：审查施工单位的资质，审查项目经理和特种作业人员的资格

情况；审查项目经理和专职安全生产管理人员是否具备安全生产考核合格证书，审查项目内容是否与施工组织计划相一致。

④物料申请/领用检查：核对设计物料与领用物料是否相符，检查工程中采用的主要设备及材料是否符合设计要求，严格检查主要材料、构（配）件、成品、半成品的出厂合格证、材质证明书以及现场抽检试验结果，防止不合格的材料、构（配）件、半成品等用于工程。

⑤开工报告：协助建设单位审核施工单位编写的开工报告。

⑥安全生产交底：检查施工单位的项目经理是否在开工前对作业班组全体员工针对安全施工的技术要求和危及人身安全的重点环节、控制措施进行交底。安全生产交底应形成书面的施工安全交底记录，并由双方签字确认。各个环节的安全技术交底均要在规定的时间进行，并有地点和交底双方人员的签字。

⑦安全生产费用使用：检查施工单位安全防护措施费用使用计划及落实情况；检查施工现场各种安全防护措施是否符合强制性标准要求。

三、施工阶段的监理

施工阶段的监理工作内容包括：

①质量控制：督促、检查施工单位严格执行工程承包合同，按照国家现行施工规范、技术标准，以及设计图纸进行施工；按照标准要求检查施工过程中的工序质量，并对工程质量进行预控，对关键部位与隐蔽工程实施旁站监理；及时制止违规施工作业；审查开复工报审表，签发开工令、工程暂停和复工令。监理单位应根据各专业制定质量检查验收表进行现场检查并进行签证，同时指出现场发现的遗留问题，并要求施工单位限期整改。

②物资管理：协助建设管理单位对施工单位的工程物资领用、使用、暂存过程进行审核监管。

③造价控制：审核施工单位的付款申请，签发工程款支付证书，审核评估施工中的意外事件及隐蔽工程所发生的设计变更，并协助建设单位做好设计变更及签证管理。

④安全管理：督促和检查施工单位安全生产技术措施的实施，发现安全隐患及时通报并对整改后的效果进行认定。定期组织安全培训，协助并参与建设单位组织的应急预案演练，检查现场特种作业人员是否具备相应资格，并重点检查施工过程中危险性较大的工程作业情况。如发生重大工程质量事故或物资盗窃、破坏案件，由施工单位、监理单位共同报告建设单位及有关部门。

⑤完工报告：由施工单位申请、监理单位审核确认，监理单位检查施工单位是否依据设计完成预期工程内容。

四、验收阶段的监理

验收阶段的监理工作内容如下：

①预验收：督促施工单位整理竣工验收资料，审核竣工技术文件、竣工图纸、测试记录、监理通知及回复单、工程余料移交表（材料平衡表），制定工程竣工报验单，并在工程正式验收前进行工程预验收。

②竣工验收：预验收通过后，由监理单位协助建设单位审核验收申请，制订验收计划，协调组织验收工作。

五、竣工结算阶段的监理

竣工结算阶段的监理工作包括以下内容：

①报审管理：协助建设单位填写报审申请表，协助建设单位完成审计工作。

②结算管理：审核工程结算单，提交监理付款申请，审核施工单位费用结算申请表，并对开具的发票进行有效性验证。最终依据审计公司出具的审计结果协助建设单位支付工程尾款。

③归档管理：协助建设单位收集立项批复、设计批复、设计资料、竣工资料、监理资料、验收证、审计结果，并对相关资料进行归档。

第五章 无线通信室外基站工程
与室内覆盖工程

第一节 无线通信室外基站工程

一、无线通信室外基站系统的组成

无线通信室外基站的类型可以按以下两种方式进行划分：

从工程角度无线通信室外基站可划分为新建站、扩容站、搬迁站等。

从主设备类型角度无线通信室外基站可划分为宏基站、BBU（building baseband unit，基带处理单元）＋RRU（remote radio unit，射频拉远单元）、RRU、小基站、微微基站等。

无线通信室外基站系统一般由 3 个物理"小区"组成，每个小区只负责一个方向上的覆盖。为了方便网络规划和工程设计，每个小区的覆盖区域都被抽象为正六边形，每个基站覆盖区域组成"三叶草"的形式，基站与基站构成"蜂窝结构"。

（一）基站主设备

基站主设备包括 BBU 和 RRU。BBU 主要完成基带信号处理、基站信令控制等功能；RRU 通过光纤与 BBU 相连接，把基带数字信号转换为射频信号，输出到射频天线进行无线信号发射，并把天线接收到的信号转换为数字信号回传给 BBU。

（二）传输设备

基站的 BBU 通过特定接口与核心网相关设备连接。4G 基站的 BBU 通过 S1 接口与核心网 MME（mobility management entity，移动管理实体）/SGW（serving gateway，服务网关）等网元连接。基站一般采用 IP RAN 与核心网进行数据传输。

（三）电源系统

通常来说，基站主设备和传输设备采用−48 V 直流供电，因此基站机房内需部署电源系统对设备进行供电。基站电源系统包括外电引入装置、交流配电屏、直流开关电源、蓄电池组等。

（四）其他机房配套设施

为了确保基站设备正常运行和满足维护需要，机房还需要有相应的配套设施，包括空调、照明系统、动力环境监控系统、接地系统、走线架和机房装修等。

（五）天馈系统

天馈系统即天线和馈线系统。RRU 的射频信号通过馈线连接到天线，实现无线信号的接收和发送。

（六）杆塔

为了获取良好的覆盖效果，天线需要安装在杆塔上，避免周围建筑物和山体的阻挡，杆塔分为落地塔和楼面塔两大类。落地塔包括角钢塔、通信杆、拉线塔等，楼面塔包括抱杆、支撑杆、围笼、楼面角钢塔等。

（七）其他天面配套

其他天面配套包括防雷接地系统、室外走线架等。

二、无线通信室外基站工程选址

（一）选址工作的内容及选址原则

选址是网络建设从规划走向实施的第一步，要想使网络建设符合规划设想，恰当选址至关重要，优质的无线通信网络建立在科学的选址之上。

1.选址工作的内容

选址是指根据网络规划方案或现有网络布局情况，对新增或搬迁站点的建设位置进行选定。选址工作的输出内容包括候选点位置、基站建设方案、配套建设方案等。具体来说，选址工作的内容包括以下四点：

①确定拟建站址：根据容量预测、话务分布、覆盖要求等条件，进行现场选址。

②确定基站有关参数：包括基站设备类型，天线的类型、挂高、方位角、下倾角等。

③确定基站配套建设条件：初定杆塔类型、高度，外电引入条件、传输建设条件以及地网的建设情况。

④确定共享共建条件：明确周边其他运营商的站址、杆塔类型、抱杆安装情况、天线隔离度情况等。

2.选址原则

（1）技术性原则

站址选择应符合网络蜂窝拓扑结构要求，与周边站点形成良好的互补关系，满足无线网络覆盖和业务需求，适应站址周围的无线电波传播环境，考虑与其他移动通信系统的干扰隔离要求。

（2）经济性原则

在满足技术要求的前提下，站址应最大限度地利用运营商自有物业。

（3）发展性原则

站址的选取要与当地市政规划相结合，与城市建设发展相适应，考虑城市中长期发展的需要。

（4）安全性原则

站址选择必须满足基站的安全性要求，确保网络设备安全运行。

（5）工程实施性原则

站址选择需要综合考虑机房面积、负荷、天线架设的可行性与合理性等工程实施因素。

（二）选址要求

1.网络技术要求

基站选址对整个无线网络的质量和未来发展有着重要的影响，工作人员在选址时应全面考虑网络技术要求，具体包括网络结构要求、业务分布要求、网络覆盖要求等，其中网络结构要求是技术上的首要考虑因素。

（1）网络结构要求

一般要求选择的站址与规划站址的偏差小于站间距的 1/4，在密集市区尽量小于站间距的 1/8。在密集市区，楼房密集，高层建筑众多，无线电波传播环境非常复杂，站点位置不能简单地根据是否满足偏离要求确定，工作人员需结合实际情况进行选址。

（2）业务分布要求

在满足网络结构要求的前提下，站址应靠近业务热点区域。站址分布密度与业务分布密度应基本一致。基站扇区方向应指向业务热点区域，以更好地吸收话务，满足业务需求。站址需结合城市规划发展动态选择，满足网络中长期发展的需求。

（3）网络覆盖要求

基站选址应按照密集市区—普通市区—郊区乡镇—农村开阔地的优先级顺序进行，并注意在密集市区和普通市区保证成片覆盖，在郊区乡镇和农村开阔地注重大客户区等重要区域，此外重要旅游区也应纳入优先考虑范围。

2.周边环境要求

在选址过程中，要充分考虑无线基站周边环境对基站日常使用的影响。

①站址应选在地形平整、地质良好的地段。

②站址应避免选在雷击区、易受洪水淹灌的地区。

③站址不应选择在易燃或易爆的仓库、工厂和企业附近。

④站址不宜靠近高压线。

⑤不宜在大功率无线发射台、高压电站等高电磁辐射区域附近设站。

⑥当基站需要设置在飞机场附近时，其天线高度应符合机场净空高度要求和航空管理要求。

3.作业安全要求

①登高作业安全：注意防止高空跌落、滑倒；雷雨天禁止登高、登山，以避免雷击；野外勘察时应防止烟火。

②防止电磁辐射：避免接近贴不同颜色的警告标志的射频设备；应尽量避免在天线方向1 m内工作，无法避免时应尽量减少逗留时间。

③防止触电：进入机房寻找照明开关时，应注意找准开关，严禁触碰其余开关及线缆；勘察电源系统时，不要接触电池的正负极，不要触摸走线架内的任何设备。

④其他人身安全：夏天做好防暑工作；野外勘察注意防狗咬、防虫咬、防蛇咬。

⑤财产安全：包括笔记本式计算机、勘察工具和个人财产的安全，尤其是笔记本式计算机的安全。

（三）选址工具

室外基站选址所需的工具有照相机、GPS（global positioning system，全球定位系统）设备、指北针、激光测距仪、皮尺、卷尺、四色笔、车载电源、望远镜、角度仪、坡度仪、手电筒、安全帽等。下面介绍三种主要工具：

1.照相机

照相机用于记录天面、机房勘察中重点关注的细节，特别是无法书面记录的现场情况，也常用于记录基站周围环境。

2.GPS 设备

GPS 设备用于确定基站所在的经纬度以及进行导航。为保证良好的接收信号，使用时应将 GPS 放置在开阔无阻挡的地方。在一个地区首次使用时，GPS 设备需开机 10 min 以上才能确保测量精度。在进行测量时，设置坐标系统为 WGS-84 模式，信号锁定后读取 GPS 数据即可。

3.指北针

指北针用于确定天线的方向角。常用的指北针有 65 式和 97 式两种。这两种指北针功能基本相同。使用时，首先测定现场东南西北方向，再利用罗盘，使地图上的方位和现场方位一致，标定地图方位，然后测定目标方位。

（四）典型区域分类及其选址要求

1.典型区域分类

因地形地貌的不同和业务量的大小直接影响基站分布密度，所以在进行规划布点时，需按无线传播环境以及业务类型对覆盖区域进行划分。

（1）按无线传播环境分类

对于不同的地形地貌，覆盖区域的划分情况如表 5-1 所示。

表 5-1　按无线传播环境分类

区域类型	典型区域描述
密集市区	区域内建筑物平均高度或平均密度明显高于城市内周围建筑物，地形相对平坦，中高层建筑可能较多
普通市区	城市内具有建筑物平均高度和平均密度的区域；或经济较发达、有较多建筑物的城镇
郊区乡镇	城市边缘建筑物较稀疏，以低层建筑为主的区域；或经济普通、有一定建筑物的小镇
农村开阔地	孤立村庄或管理区，区内建筑较少；或成片的开阔地；或交通干线

（2）按业务类型分类

对于不同的业务类型和服务等级，覆盖区域分为 A、B、C、D 四类，如表 5-2 所示。

表 5-2　按业务类型分类

区域类型	特征描述	业务分布特点
A	主要集中在区域经济中心的特大城市，面积较小。区域内高级写字楼密集，是所在经济区内商务活动集中地。用户对移动通信需求大，对数据业务要求较高	①用户高度密集，为业务热点地区； ②数据业务速率要求高； ③是数据业务发展的重点区域； ④服务质量要求高
B	工商业和贸易发达，交通和基础设施完善，有多条交通干道贯穿辖区。城市化水平较高，人口密集，经济发展快。人均收入高	①用户密集，业务量较大； ②提供中等速率的数据业务； ③服务质量要求较高
C	工商业发展和城镇建设具有相当规模，各类企业数量较多，交通便利，经济发展和人均收入处于中等水平	①业务量较少； ②只提供低速数据业务
D	主要包括两种类型的区域：①交通干道；②农村和山区	①话务稀疏 ②建站的目的是解决覆盖问题

2.各典型区域选址要求

（1）密集市区

典型区域为以高层建筑为主的新城区、商业中心区、城中村。密集市区一般采用"室外宏基站＋室内分布系统"的方式，充分利用已有站点资源，确保容量配置，满足用户业务需求。

密集市区的选址要求：相对高度比绝对高度重要，不宜选择高层建筑，以中层建筑为主；可尽量利用原有站点，对机房和天面进行改造。高话务区要充分利用周围建筑物阻挡。

（2）普通市区

普通市区是城市内建筑物高度和密度处于平均水平的区域，或经济较发达、有较多建筑物的城镇。

普通市区覆盖的解决方案一般是充分利用已有站点资源，采用"室外宏基站＋微基站＋RRU"的方式，机房和天面预留扩容位，以确保网络结构符合要求。

普通市区的基站站址高度一般要求比周围建筑物高2～3层。基站站址过高会造成越区覆盖。

（3）郊区乡镇

郊区乡镇一般位于城市边缘地区，建筑物较稀疏，以低层建筑为主；或是经济普通、有一定建筑物的小镇。典型区域为一般乡镇和工业园区。

郊区乡镇覆盖一般采用"室外宏基站＋RRU＋直放站"的解决方案。

对于镇区面积较大的乡镇，可将基站设在镇区中心位置，实现对镇区的良好覆盖。

对于山区面积较小的乡镇，可将基站设在镇区边缘的小山包上，以达到同时覆盖部分交通干道的目的。

对于位于山区中的乡镇，由于受到山体的阻挡，站点的覆盖范围并不大，考虑工程实施性和后期站点维护成本，可将站点设置于镇中心，而不设置于山丘中。

（4）农村开阔地

孤立村庄或管理区属于农村开阔地类型。该类区域建筑较少，或是成片的开阔地，或是交通干线。该区域的选址满足业务覆盖需求即可。

三、无线通信室外基站工程勘察

（一）勘察前的准备工作

①准备勘察工具及其他材料，包括地阻仪、卷尺、数码相机、地图、万用表、罗盘、激光测距仪、望远镜和 GPS 设备等工具，以及勘察合同、工程合同、无线环境验收报告等材料。

②准备预装设备信息清单、基站勘察表。

③明确与其他相关设计专业的分工。

（二）基站工程勘察的实施

勘察分为室内勘察和室外勘察两部分。室内勘察包括机房建筑和环境勘察、设备勘察、线缆勘察，室外勘察分为站点环境勘察和天面勘察两部分。

1.机房建筑和环境勘察

①检查机房是通信机房还是民用住房并确定产权（通常一般通信机房楼面均布活荷载标准值为 600 kg/m²，民用住宅楼面均布活荷载标准值为 200 kg/m²），确认机房地面承重是否满足设备要求，是否需要加固。

②测量电梯门宽、楼道宽、机房门宽，从而确定设备搬运方式。

③勘察机房照明、防火、防水处理是否达到要求。

④勘察建筑物的总层数、机房所在楼层（机房相对整体建筑的位置）。

⑤勘察机房的物理尺寸，机房长、宽、高（梁下净高），门、窗、立柱和主梁等的位置、尺寸，机房有无吊顶、高度，有无防静电地板、高度，上/下

走线。

⑥勘察机房内已有设备位置、尺寸、生产厂商、型号等信息。

⑦勘察机房内已有走线架位置、单/双层、宽度、材质、固定方式（壁式支撑、吊挂、立柱）等信息。

⑧勘察市电引入情况，如已有电源系统，记录电源系统情况（开关电源型号、模块数量、当前负载、电池型号及数量、交流配电箱引入电流大小），并检查是否有 220 V 市电插座，如有则辑录其型号，以备设备维护时使用。

⑨勘察机房温度、湿度，确认安装的空调是否满足设备需求。

⑩勘察机房接地排情况，并检查接地电阻是否满足要求。

2.设备勘察

①确认安装设备清单。

②确定 BBU 安装位置、机柜内剩余空间、新增机柜位置。如需挂墙，需确定安装墙体为实心墙。

③架内 BBU 间预留充足空间，以方便散热。

3.线缆勘察

①测量待安装设备间距，测量设备至走线架距离及走线槽内的长度。

②线缆测量考虑弯曲长度，总长度留有余量。

③按照交流、直流、信号、传输、接地线缆的顺序测量，避免遗漏。

4.站点环境勘察

①站点总体拍摄：拍摄站点入口、所属建筑物或者铁塔站点的总体结构，尽量将站点位置的街道、门牌号码拍摄进去，以便寻找。

②采集站点经纬度信息。

③根据站点周围环境特点及建设需求合理规划天线的方位角和下倾角，并确定新增天线的安装位置、杆塔建设方案及美化方案等。

④从正北方向开始，记录站点周围 500 m 范围内各个方向上与天线高度差不多或者比天线高的建筑物、自然障碍物等的高度和到本站的距离。在基站勘察表中描述基站周围信息，在图中简单描述站点周围障碍物的特征、高度和

到本站点的距离等，同时记录 500 m 范围内的热点场所。

⑤拍摄站点周围无线传播环境：从正北方向开始，以 45°为步长，顺时针拍摄 8 个方向上的照片，每张照片以"基站名-角度"命名，基站名为勘测基站的名称，角度为每张照片对应的拍摄角度。

⑥记录站点周围是否存在高压线及建筑物施工等情况。

5.天面勘察

①新建站点绘制整个天面图，包含整个天面楼梯间、水池、水管等所在天面建筑物，要求水平定位，垂直标高；共址站点则根据原有天面图核对原有系统天线安装位置、安装高度、方向、下倾角、天线类型。

②记录天线挂高：当天线安装位置在建筑物顶面时，需要记录建筑物高度；当天线安装在已有铁塔上时，需要确认安装在第几层天面上，如果有激光测距仪，可以直接测量建筑物高度或者该层铁塔的天面高度；当天线安装在楼顶塔上时，需要记录建筑物的高度和楼顶塔放置天线的天面高度。

③记录天面电源设备至 AAU（active antenna unit，有源天线单元）的电源路由及长度。

④拉远站点需勘察光纤盒位置，需核实是否利用了已有的光纤盒，并记录光纤盒至 AAU 的路由及长度。

⑤勘察室外接地排位置，测量其至室内接地排的距离，记录可用资源。

⑥勘察室外走线架新建或利旧情况，若新建室外走线架长度超过 20 m，每间隔 20 m 就近接入避雷地网。

第二节　无线通信室内覆盖工程

一、无线通信室内覆盖工程的分类

城市内高楼林立，由于建筑物自身的屏蔽和吸收作用，无线电波衰耗较大，导致存在部分室内无线信号的弱覆盖区，甚至是盲区。在诸如大型购物商场、会议中心等建筑物中，由于移动电话使用密度大，所以局部网络容量不能满足用户需求，无线信道易发生拥塞现象。这些问题可以概括为网络的覆盖问题、容量问题和质量问题，主要解决方法是在建筑物内建立室内分布系统。

室内覆盖工程就是在建筑物内建设室内分布系统，用于改善建筑物内的移动通信环境。其原理是利用室内天线分布系统使移动通信基站的信号合理地分布在建筑物内，以保证室内区域拥有理想的信号，从而提高建筑物内的通话质量，扩大网络容量，从整体上提高移动网络服务水平。

（一）按信号源分类

1.宏蜂窝

宏蜂窝方式采用宏蜂窝基站作为信号源。宏蜂窝容量大，发射功率高，扩容方便，性能好，安装方便，组网灵活。宏蜂窝需要传输资源，对机房及电源环境要求较高，建设周期长，建设成本高。宏蜂窝主要应用在话务量大、覆盖区域广、人流量大、具备机房条件的高档写字楼、大型商场、星级酒店、奥运体育场馆等重要建筑物中。

2.微蜂窝

微蜂窝方式采用微蜂窝基站作为信号源，可以独立承载话务量，并且可分担宏蜂窝小区的话务量。该方式需要传输和供电设备，实施简单，不需要机房资源。微蜂窝主要应用在中等话务量、中小型建筑物中，如果分布系统的功率不够，可增加干线放大器进行覆盖。

3.射频拉远单元

分布式基站BBU＋RRU的核心思想是将基站的基带处理单元和射频拉远单元分开。在分布式基站方案中，射频拉远单元更加靠近覆盖区域，减小了信源与分布式天线间的距离，降低了功率损耗和对干线放大器的依赖。基带处理单元可以集中放置，从而更好地共享基带容量，支持话务调度。

4.直放站

直放站是能够在上下行收发、放大射频信号的设备，其本身不产生容量，只是扩展或延伸施主基站的覆盖范围。直放站的引入必然对基站产生干扰，干扰随着直放站数量的增多而加大，特别是大功率直放站的引入，会使系统干扰明显加剧。另外，直放站在放大转发上行信号的过程中，会增加信号的传输时延，对信号质量有可能产生负面影响。目前直放站使用得较少。

（二）按分布系统分类

按分布系统分类，室内分布系统包括无源分布系统、有源分布系统、光纤分布系统和泄漏电缆分布系统四大类。

1.无源分布系统

无源分布系统通过耦合器、合路器等无源器件进行分路，经由馈线将信号尽可能平均地分配到每一副分散安装在建筑物各个区域的低功率天线上，从而实现室内信号的均匀分布，解决室内信号覆盖差的问题。

无源分布系统一般应用于话务受限的场景，如会展中心、体育场馆、交通枢纽等话务密集区域，或者应用于小范围区域覆盖。

2.有源分布系统

有源分布系统使用小直径同轴电缆作为信号传输路径，利用干线放大器或者其他有源器件增强功率，对线路损耗进行补偿，再经天线对室内各区域进行覆盖，从而克服了无源分布系统布线困难、覆盖范围受馈线损耗限制的问题。

有源分布系统一般适用于内部结构复杂的建筑物，或者覆盖功率受限的场景，如大型酒店、商务楼宇、住宅楼宇等。

3.光纤分布系统

光纤分布系统把基站直接耦合的射频信号转换为光信号，利用光纤将光信号传输到分布在建筑物各个区域的远端单元，再把光信号转换为电信号，经放大器放大后通过天线对室内各区域进行覆盖，从而克服无源分布系统因布线距离过长而导致线路损耗过大的问题。

光纤分布系统的特点如下：

①系统引入噪声较小。

②工程设计简单，不需要计算馈线损耗，主要考虑上行噪声电平的问题。

③工程施工方便。

④覆盖范围较大。

⑤取电点多，物业协调难度大。

系统主机单元和远端单元均有光端机的功能，造价较高。

光纤分布系统主要用于布线困难、垂直布线距离较长或有裙楼、附楼的大型高层建筑物的室内覆盖，适用于布线复杂或者覆盖功率受限的场景，如大型的酒店、商务楼宇、住宅楼宇（建筑面积在 60 000 m² 以上），同时也适用于中长距离（1 000 m 以上）的公路隧道。

4.泄漏电缆分布系统

泄漏电缆属于无源器件，是一种特殊的同轴电缆，既可用于信号的传输，又可代替天线把信号均匀地发射到自由空间。对于线路损耗严重的系统，还可加装干线放大器。

泄漏电缆分布系统由泄漏电缆、功分制合器件组成，造价较高。信号通过泄漏电缆传送到建筑物内各个区域，同时通过泄漏电缆外导体上的一系列开口，在外导体上产生表面电流，从而在电缆开口处横截面上形成电磁场，沿电缆纵向均匀地对信号进行发射和接收。

泄漏电缆分布系统适用于隧道、地铁等其他分布系统难以发挥作用的地方。

二、无线通信室内覆盖工程勘察

（一）勘察流程和工作内容

1.勘察前准备

在勘察前必须做好准备工作，以便勘察工作顺利展开。勘察前准备工作的内容包括准备勘察工具、模测设备、图纸资料、车辆等。其中勘察工具包括笔记本式计算机、照相机、GPS 设备、指北针、激光测距仪、皮尺、卷尺、四色笔、勘察纸、手电筒、安全帽等。

勘察前需根据项目特点准备勘察工具，并检查勘察工具是否能正常使用。阅读图纸是勘察人员初步了解建筑物信息的最好方式，图纸可以反映站点的大致情况，阅读时勘察人员应留意图纸上是否标有尺寸等。一般情况下，建筑平面图在事前由专门的人员和业主沟通后由业主提供。在条件允许的情况下，在到达站点之前，勘察人员需要仔细阅读相关图纸。

2.需求分析

通常情况下，室内覆盖主要解决信号覆盖、容量或者质量方面的问题。

首先，在覆盖方面，室内结构复杂，加上建筑物自身对信号有屏蔽和吸收作用，造成无线电波传输损耗较大，形成了移动信号的弱场强区，甚至是盲区，致使大楼的部分区域，如地下室，一、二层等区域场强较弱，室内覆盖信号差，容易出现手机掉网、用户不在服务区等现象。

其次，在质量方面，建筑物高层空间极易存在无线频率干扰服务小区，导致信号不稳定，出现乒乓切换效应，并出现掉话现象，话音质量难以保证。

最后，在容量方面，在诸如大型购物商场、会议中心等建筑物里，移动电话使用密度过大，导致局部网络容量不能满足用户需求，无线信道发生拥塞。

根据市场需求并结合网络优化部门的测试结果，运营商向设计单位提出室内覆盖的站点需求。设计人员需详细了解站点需求信息，包括覆盖目的（解决覆盖问题、容量问题还是质量问题）、站点是否具备勘察条件（楼层是否已竣工、有无建筑平面图、是否签订了租赁协议等）、站点类型（住宅楼、小区、商务酒店或者商场等）、站点位置、站点周围基站的分布情况、站点内规划的覆盖区域（楼层和电梯数量）、站点内用户的大致估算等信息。对于存在的疑问，设计人员需做好信息反馈，及时与建设单位相关人员进行沟通。

3.初步勘察

初步勘察内容包括勘察覆盖区域的建筑结构，分析覆盖区域的情况，分析附近基站分布、话务分布，确定工程设计需要覆盖的区域，初步设想可采用的室内分布系统的信号源和组网方式。

在初步勘察时，还需对室内无线信号现状进行测试。信号测试的目的是为室内覆盖设计提供依据。勘察人员要对大楼现有的由周边宏蜂窝基站提供的室内信号进行测试，收集所用频段内存在的各种频率的信号，找出各楼层最强的信号电平，由此得到各楼层所需的最小设计电平。为保证楼内手机能够驻留在室内基站的小区上并具有良好的载干比，必须保证室内信号有足够高的设计电平。

4.方案沟通

勘察人员根据需求分析和初步勘察的结果，对具备勘察条件的站点确定具体的覆盖区域。覆盖区域的确定需要结合多个方面的因素，包括覆盖效果、建设单位（网络优化部门和工程建设部门）的要求、施工难度等。覆盖区域确定的具体原则如下：

首先，勘察人员必须尽量确保运营商网络优化部门提出的覆盖需求得到满足。如果业主对覆盖区域存在疑问，勘察人员宜协同物业人员与业主进行沟通。在沟通时，设计人员应提供技术支持。如果业主坚持不同意的话，勘察人员需要将业主的意见反馈给运营商网络优化部门，询问是否修改方案。

其次，单纯从技术上考虑能否达到建设单位要求的覆盖效果。常规站点较容易实现，特殊站点应采用特殊的覆盖方式或解决办法。

最后，从施工难度的角度考虑，对于运营商提出的在工程上难以实现覆盖的区域，宜采用特殊的覆盖方式解决。譬如，业主不同意在大会议室内布放吸顶天线，可考虑在对角布放小壁挂天线进行覆盖。采用特殊的覆盖方式时，必须向建设单位说明情况。

5.详细勘察

详细勘察内容主要包括以下几点：

（1）地理环境和建筑物结构

关于地理环境和建筑物结构，需勘察的内容包括建筑物所处区域、建筑物名称、建筑物经纬度、建筑物详细地址、建筑物性质、建筑物总建筑面积（m^2）、建筑物的外观照。

（2）建筑物结构详情

关于建筑物结构，需勘察的内容包括楼层/区域描述及其用途、天花板材质及维修口情况、楼层数小计、单层面积（m^2）、楼层/区域面积小计，以及建筑平面图，含地下层、裙楼、夹空层和标准层的结构。

若建设单位提供了建筑平面图和结构图，则需核实图纸与实际尺寸是否一致，如不一致，要对重要尺寸重新测量以修正图纸；若建设单位没有提供建筑图，需绘制勘察草图。

（3）通信基本条件

对于通信基本条件，需勘察的内容包括忙时人流量、区域类型、重点覆盖区域、建筑物内覆盖现状及覆盖手段概述（包括本建筑物现有基站的情况概述）、信源安装位置、楼层间走线描述、天线是否允许外露于天花板外、建筑物外墙（玻璃幕墙/砖墙/钢筋混凝土）、建筑物内部墙体类型（砖墙/板材/玻璃）。

（4）电梯详情

对于电梯详情，需勘察的内容包括电梯编号、用途、是否共并、电梯数量

（类型一样）、电梯运行区间。

（5）周边基站分布记录

对于周边基站分布记录，需勘察的内容包括站点名称（或安装楼宇名称）、基站靠建筑物方位、基站高度（m/层）、与大楼的距离（m）、基站和天线类型、覆盖目标。

（6）初步设计方案草图

确定信源等新增设备安装位置，确定覆盖各区域的天线类型和安装位置，确定布线路由，绘制相关草图。

详细勘察完成后填写勘察报告，为后续方案设计提供充分的依据。

6.模拟测试

将模拟发射机装在拟放天线的位置，利用测试手机对要求覆盖的区域进行测试，通过模拟测试得出建筑物各处的信号接收情况。

模拟测试的主要步骤如下：

①首先进行扫频，选出干净的频率，此频率可作为信号源基站的频率；

②设置发射机的发射功率和信道，对上下楼层及楼层各位置进行测试；

③根据发射机的发射功率和测得的各点信号强度计算出覆盖区的无线传播损耗情况。

（二）勘察工具

勘察工具包括照相机、GPS 设备、笔记本式计算机、测试手机、模测信号源和相关测试组件、指北针、测距仪、皮尺、卷尺、四色笔、勘察纸、手电筒、安全帽等。勘察时需根据项目特点准备勘察工具。

（三）勘察注意事项

无线通信室内覆盖工程勘察注意事项如下：

①勘察前准备全套勘察工具以及勘察表和相关图纸等文件。

②带齐证明身份的文件以及处理紧急事件的相关负责人员的联系方式。

③勘察时应遵守相关安全文明规范，按要求提供相关证件。

④勘察时信息要记录完整准确，现场照片也要完整。照片最好包括全局照（整体外观照）、室内环境照（房间、隔断、走廊周边、窗户周边）、吊顶/天花板照、走线环境照（梁、馈孔、桥架等）、弱电井环境照（设备安装位置、取电位置）、地下室出口等。

⑤勘察时需注意确认现场施工条件，要确认站点是否具备施工条件，如土建是否已完成，装修进度，天花板、桥架施工进度，取电条件等。

⑥现场进行信号测试时，测试信息应尽量详细。测试采样点应具有典型性和代表性，不同场景的区域必测，采样点数与楼宇规模应成正比。为了解网络实际覆盖情况，需对建筑物的地下、地上的每一层、每部电梯都进行测试，测试内容包括楼层连续通话测试、电梯测试、边缘场强测试等。

⑦模拟测试注意事项：每种覆盖场景应投放合适的发射点数量，发射点所对应的接收点位置能有效示意信号覆盖或外泄的范围；应给出模拟信号发生器的型号、输出连续波的信号中心频点以及功率大小；发射天线的辐射方向上不能有阻挡，天线的挂高应与实际安装高度相同。

⑧勘察结束后，应及时完成勘察资料的整理并进行资料存档。

三、无线通信室内覆盖工程设计要求、设计重点内容及典型图纸

（一）设计要求

1.设计总体要求

①室内覆盖工程的建设应综合考虑业务需求、网络性能、改造难度、投资成本等因素，确保网络质量，且不影响现网系统的安全性和稳定性。

②室内覆盖工程应具有良好的兼容性和可扩充性，应综合考虑通信业务经营者当前及未来发展的需求，满足通信业务经营者其他制式系统未来的接入要求，并充分考虑系统扩容和与其他制式系统合路的可能性和便利性。

③系统配置应满足当前业务需要，同时兼顾一定时期内业务增长的要求。

④系统设计应根据不同目标覆盖区域的网络指标，合理分布信号，避免与室外信号之间频繁切换，避免对室外基站布局造成影响。

⑤系统设计中选用的设备、器件和线缆应符合系统技术要求，各个组成部分接口应标准化，便于设备选型和统一维护。

⑥室内覆盖工程的建设应与室外基站工程的建设相互协调，统一发展。

⑦室内覆盖工程的建设应结合建筑物结构特点，尽量不影响目标建筑物的原有结构和装修。

⑧室内覆盖工程选用的无源器件应满足所有引入系统的通信频段要求和多系统共存要求。

⑨室内覆盖工程应满足各种通信制式设计指标要求，并保证各制式间互不干扰。

⑩室内覆盖工程应便于改造，利于升级。

2.设备安装和配置要求

（1）信号源安装要求

①信号源安装位置应保证主机便于调测、维护和散热，设备周围的净空要求按设备的相关规范执行。

②机房的空调设置应按各系统设备环境要求取最大值，应按该基站机房终期设备发热量配置空调。

（2）有源设备安装要求

①有源设备的安装位置应便于调测，并满足维护和散热的要求，确保无强电、强磁和强腐蚀性设备的干扰。

②壁挂式分布系统设备固定在墙壁上，设备安装的净空要求按设备安装的相关规范执行。

③安装牢固平整，有源器件上应有清晰明确的标识。

（3）无源器件安装要求

①安装位置、设备型号需符合工程设计要求。应尽量安装在易于维护的位置。

②安装时应用相应的安装件进行固定，并且垂直、牢固，不允许悬空放置，不应放置在室外（如有特殊情况需室外放置，必须做好防水、防雷处理），在线槽布放的无源器件应用孔带固定好。

③无源器件应有清晰明确的标识。

④接头应牢固可靠，电气性能良好，两端应固定牢固。

⑤设备严禁接触液体，并应防止端口进入灰尘。

（4）天线安装要求

①室内天线在安装时，天线附近应无直接遮挡物，并尽量远离消防喷淋头；在无吊顶环境下，室内天线采用吊架固定方式，天线吊挂高度应略低于梁、通风管道、消防管道等障碍物。

②室内定向板状天线采用壁挂安装方式或利用定向天线支架安装，天线周围应无直接遮挡物，天线主瓣方向应正对目标覆盖区。

（5）线缆布放要求

①线缆路由应做到三线分离，即信号线、电源线、地线需按建筑物的三线路由设计要求进行布放。

②线缆布放宜使用弱电井走线，杜绝使用强电井，避免使用风管或水管管井。

③在布放电缆时，要用电缆扎带进行牢固固定；需要弯曲布放时，弯曲角要圆滑，弯曲半径应满足相应的电缆技术规范要求。

④馈线连接头必须牢固安装，接触良好，并做防水处理。

⑤对于裸露在线井、天花板等外侧的馈线，宜套管布放，并对走线管进行固定。

⑥泄漏电缆不能与风道等金属管路平行敷设。

⑦泄漏电缆周围避免有直接遮挡物，以免影响泄漏电缆的辐射特性。

（二）设计重点内容

1.信号源的选取和设计

选择合理的信号源可以提高整个网络的通话质量，节约资源，提高网络的投资收入比。

在选取信号源之前，需要首先了解建筑物的规模、功能，分析电磁环境，确定要覆盖的区域，合理估算覆盖区域的用户数，根据用户数计算覆盖区域的话务量并推算出所需要的通信设备规模。通过分析并参考大量室内覆盖经验，室内覆盖信号源选取建议如下：

①对于建筑面积在 80 000 m² 以上且话务量很大的大型场馆，宜选取宏蜂窝作为信号源。

②对于建筑面积在 30 000～80 000 m² 且话务量较大的覆盖区域，可采用微蜂窝作为信号源。

③对于话务量较大的写字楼、商场、酒店等重要建筑物，尤其是建筑群区域，宜采用 RRU 作为信号源。RRU 相对于微蜂窝容量配置灵活，远端设备体积小，安装相对方便。目前采用分布式基站 BBU＋RRU 方式和 RRU 方式作为信号源的情况较多。

④对于较小的覆盖区域，譬如电梯和停车场以及忙时话务量很小的区域，可采用直放站作为信号源。

2.室内分布系统的选取和设计

在满足设计要求的前提下，室内覆盖工程尽量选用工程造价低、施工相对容易的设计方案，尽可能选用无源分布系统。

（1）根据覆盖面积选取合适的分布系统

①对于覆盖面积较小、所需布放天线数量较少的场景，优先选用无源分布系统，即除信源设备为有源设备外，天馈线系统均由无源器件构成。

②对于覆盖面积中等、所需布放天线数量中等的场景，优先选用有源分布系统，即天馈线系统中除无源器件外还含有干线放大器。

③对于覆盖面积较大、所需布放天线数量较多的场景，可根据实际情况选用有源分布系统或光纤分布系统。

（2）根据建筑结构选取合适的分布系统

①对于建筑物内部结构简单、墙体屏蔽作用较小、楼层较低的场景，优先选用无源分布系统。

②对于建筑物内部结构简单、墙体屏蔽作用较小、楼层较低但建筑物较为分散的场景，优先选用光纤分布系统。

③对于建筑物内部结构复杂、墙体屏蔽作用较大、楼层较高的场景，优先选用有源分布系统。

④对于建筑物内部结构狭长的特别区域，可选用泄漏电缆分布系统。

在设计中需要注意，室内分布系统选用哪种覆盖方式并不是固定的。根据需要，同一个场所可以选用上面一种或者几种方式的组合，以对覆盖区域进行良好的覆盖。例如，对于大型地铁的覆盖，宜在车道内采用泄漏电缆分布系统方式，而对于站台和地铁内的配套区域的覆盖，则宜采用无源分布系统。

在室内分布系统结构设计方面，建议尽可能采用多主干、多分支覆盖方式。这种方式一方面可以避免由单条路由使线路损耗过大、接头损耗等不确定因素增多导致的偏离甚至无法满足设计要求的问题；另一方面能够在载波扩容或者扇区分裂时减少对室内信号分布系统部分的改动。对于高层建筑的楼层覆盖，建议最少设计两条主干。如果是较高的建筑物，可采用 4 条或多条主干，将建筑物划分成多段进行覆盖。非高层建筑物也可根据楼层数量和所需天线数量采用若干条主干进行覆盖。

如果室内分布系统采用的主干多于 4 条，可以考虑使用多系统合路平台方式，从而实现多频段、多信号的合路功能，并且实现等功率、多支路输出。

3.室内信号传播损耗计算

无线通信室内覆盖工程的设计应经过详细的链路预算分析。链路预算分析包括信号源至室内天线、天线至手机终端两部分。通过链路预算可确定信号源功率需求、天线口输入功率以及天线覆盖距离等。

在进行室内覆盖工程设计时,应使系统的上下行链路平衡。对于室外系统,一般情况下,下行覆盖大于上行覆盖,即上行覆盖受限,但是室内分布系统由于建筑物内的穿透损耗比较大,一般下行覆盖受限。因此,在室内分布系统的设计中,应着重考虑下行链路预算,以确保该楼宇内的覆盖效果。

在下行链路预算中,对于覆盖区的场强预测,可先求得天线口的输入功率,再计算得到覆盖区内特定点的场强。

由于室内无线信号的传播受楼宇建筑材料等诸多因素的影响,直接通过理论计算对无线覆盖进行预测并以此来确定天线安装位置和数量会出现一定的误差,故可以采用现场模拟测试和理论功率计算相结合的方法,对需提供服务的无线覆盖区域进行边缘接收电平值的估算,确定需安装天线的位置和数量。

4.室内天线布放设计

在对建筑物类型、构造、室内结构、干扰环境和路径损耗进行分析之后,接下来根据不同区域类型进行天线设置,包括天线类型、数目和安装位置等。天线布放设计需考虑的因素如下:

①应根据勘测结果和室内建筑结构以及目标覆盖区的特点,设置天线位置,选择不同的天线类型,天线应尽量设置在室内公共区域。

②天线位置应结合目标覆盖区的特点和建设要求,设置在相邻覆盖目标区的交叉处,保证其无线传播环境良好。

③对于层高较低、内部结构复杂的室内环境,宜选用全向吸顶天线,宜采用低天线输出功率、高天线密度的天线分布方式,以使功率分布均匀、覆盖效果良好。

④对于较空旷且以覆盖为主的区域,由于无线传播环境较好,宜采用高

天线输出功率、低天线密度的天线分布方式，满足信号覆盖和接收场强值要求即可。

⑤对于建筑边缘的覆盖，宜采用室内定向天线，避免室内信号过分泄露到室外而造成干扰，根据安装条件可选择定向吸顶天线或定向板状天线。

⑥对于电梯覆盖，一般采用3种方式：一是在各层电梯厅设置室内吸顶天线；二是在信号屏蔽较严重的电梯中，或在电梯厅没有安装条件的情况下，在电梯井道内设置方向性较强的定向天线；三是在电梯轿厢内增加发射天线，这种方式需要随梯电缆，且对随梯电缆要求较高，通信效果较好，但工程造价较高。目前，实际工程较常采用前面两种方式。

5.馈线路由设计

整体方案的馈线设计按照从小到大的思路：先预先设定好每层的天线口输入功率，用馈线连接好，灵活使用功分器和耦合器，尽量使每副天线的功率均匀，然后通过上下管井连接，注意连接上下层馈线的器件尽可能地放在管井房里，以方便维护。

馈线路由设计的主要步骤和考虑因素如下：

①先仔细阅读标有上下管井和水平线槽位置的图纸，确定好上下管井的位置和水平线槽的分布。如果没有图纸，则现场与业主沟通，了解相关情况后再进行勘察、记录。

②现场勘察，确认图纸上所标的管井上下能否走通。如果图纸与现场情况不符，需以现场情况为准，重新在附近寻找能够走通的管井，在图纸上做好标记，并拍照。另外，需要注意管井内是否有足够的空间布线。

③检查水平方向的线槽是否与图纸上的标记一样，若有不同之处需做好标记。

④垂直走线必须按现场所确认的能够上下走通的线槽路由来设计。在水平方向上，在馈线数量不多的前提下要尽可能地利用建筑物原有的线槽设计馈线路由。

⑤器件连接和位置的摆放原则：按照运营商的需要，为了方便施工和维

护，一般情况下摆放在管井或者检修孔等位置；连接后尽可能地少用馈线，并尽量使分布系统的天线口输入功率平均。

6.多制式合路系统设计

（1）多制式合路系统的建设方式

室内分布系统通常以单制式通信系统的方式建设。随着运营商移动通信网络制式的增加，通过一套天馈线分布系统解决多种制式的室内覆盖问题的方法逐渐增多。

多制式合路系统主要采用以下3种方式进行建设：

①将所有系统的上下行信号进行合路并在一套天馈线系统中进行传送。通过规划各系统使用频段，避免系统间同频及邻频干扰。这种方式适用于覆盖区域较小的场所，分布系统最好为无源系统，以减小由于噪声增加对各接收机灵敏度的影响。

②在多种通信制式合路时，将其中频段间隔较大、互相干扰较小的不同制式系统进行合路，而将频段间隔较小、互相干扰较大的不同制式系统分别建设。

③将各制式系统的上下行信号分为两套分布系统进行建设。两套分布系统之间的最小隔离度为天线间的空间隔离损耗与分布系统的路径损耗（基站输出端口功率与天线输入功率的差）之和。满足隔离度要求能有效地减少甚至避免系统间产生的杂散和阻塞干扰问题。这种方式适用于覆盖区域大但不能建设多套分布系统的场所。其缺点是分布系统中使用了较多的有源设备，易引起基站接收机噪声的增加，需根据有源设备使用的数量计算噪声增加量，并通过增加合路器的隔离度指标来满足系统的要求。合路器各端口间隔离度指标要求相对较低。

（2）多制式合路系统设计内容

①主要系统设计

在多制式合路系统方案中，选择接收机灵敏度较低、网络覆盖质量要求较高的系统作为主干系统，使用单系统覆盖方案进行设计。需要注意的是，天线口输出功率应较单系统设计时提高 3～6 dB 的输出，这是为后期合路系统设计所引入的合路损耗预留的功率余量。

主干系统在设置天线点位时应综合其他系统在覆盖区域、天线点间距等方面的不同需求，统一设置，并可适当增加天线点密度，以保证各系统网络覆盖质量满足指标要求。

多制式合路系统对系统间干扰隔离要求较高，各系统应减少使用或者不用干线放大器等有源器件，从而降低系统噪声水平。

②其他系统合路设计

根据主干系统天线点密度，核算其他各系统天线口输出功率的最低值。根据主干系统的结构，在保证满足本系统天线口输出功率需求的前提下，通过合路器件进行系统合路方案设计。

③天线输出功率核算

系统合路方案完成后，应分别对各系统天线口输出功率进行核算，以验证天线覆盖半径能否满足各系统的覆盖要求。对于输出功率过高的系统，为减少对其他系统的干扰，应修改系统合路方案，使其与其他系统输出功率相匹配。

④不同制式系统间的相互影响

在多制式合路系统中，多个不同制式、不同频段的高频信号混合在一起传输。在室内覆盖系统设计时必须充分考虑各系统间的干扰问题，以确定其隔离要求和系统建设的可行性。

多制式合路系统的干扰主要分为 3 个方面：阻塞干扰、互调干扰和杂散干扰。为了消除这些干扰可能会对系统带来的影响，在分布系统设计和系统组成器件的选择上，应提高干扰信号到被干扰信号间的隔离度。

目前主要的抗干扰措施包括室内分布系统应远离强电、强磁设备，通过频率规划协调，提高相关设备隔离度参数要求，增加滤波器，有效利用空间隔离，采用高性能、指标好、经久耐用的高品质器件等。

（三）典型图纸

无线通信室内覆盖工程的典型图纸包括系统原理图和天馈线安装图两类，下面分别进行介绍：

1.系统原理图

系统原理图中标出了系统各个器件所处楼层、输入与输出电平值及系统的连接分布方式。系统原理图的具体内容包括电缆、天线、设备等标签；各个节点的场强预算；馈线的长度、规格；图例；设计说明，如设计单位、设计人、审批人等。在系统原理图的每一个节点（所有有源器件和无源器件）的输入端和输出端上都应严格标明设计电平值，严格估算各段馈线的长度和线路损耗以及各个元器件的插入损耗，并标注在相应的干线上，功率分配计算必须认真严谨。

系统原理图上的所有标志必须规范，设计方案中的标志需与元器件一一对应。如果用户或者建设单位没有特殊要求，则工程的所有标志均应统一规范。另外，系统原理图中楼层和各级之间应层次分明，以便于其他工作人员查阅。

2.天馈线安装图

设计中应提供详细的天馈线安装图，该图需符合实际建筑比例和结构特征，标明楼层墙体隔断情况、房间（注明房间主要用途）及走道分布、弱电井位置、电梯及楼梯位置、天井位置等内容。图上应标识清楚各设备的具体安装位置、馈线的布放位置以及天线的安装位置等。对于楼层相似的，可以只出具标准楼层的平面安装示意图；对于较复杂的室内分布系统，可附以安装地点的立体图与剖面图。

第六章　电子通信光缆线路工程设计

第一节　光缆线路工程设计的
概念、内容和原则

一、光缆线路工程设计的概念

光缆线路工程设计，是工程设计技术人员根据通信网发展的需要，准确反映该光缆线路工程在通信网中的地位和作用，应用相关的科学技术成果和长期积累的实践经验，按照建设项目的需要，利用查勘、测量所取得的基础资料和现行的技术标准以及现阶段提供的材料等，进行系统综合设计的过程。

二、光缆线路工程设计的原则

①工程设计必须贯彻执行国家基本建设方针和通信产业政策，合理利用资源，重视环境保护；

②工程设计必须保证通信质量，做到技术先进，经济合理，安全适用，能够满足施工、生产和使用的要求；

③设计中应进行多方案比较，兼顾近期与远期通信发展的需求，合理利用已有的网络设施和装备，以保证建设项目的经济效益和社会效益，不断降低工

程造价和维护费用；

　　④设计中所采用的产品必须符合国家标准和行业标准，未经鉴定合格的产品不得在工程中使用；

　　⑤设计工作必须广泛采用适合我国国情的国内外成熟的先进技术；

　　⑥军用光缆线路设计应贯彻"平战结合，以战为主"的方针，确保军事通信网的安全和畅通。

三、光缆线路工程设计的内容

　　光缆线路工程设计的主要内容一般包括：

　　①对近期及远期通信业务量的预测；

　　②光缆线路路由的选择及确定；

　　③光缆线路敷设方式的选择；

　　④光纤、光缆的选择及要求；

　　⑤光缆接续及接头保护措施；

　　⑥光缆线路的防护要求；

　　⑦局/站的选择及建筑方式；

　　⑧光缆线路成端方式及要求；

　　⑨光缆线路的传输性能指标设计；

　　⑩光缆线路施工中的注意事项。

第二节　光缆线路工程设计程序和设计要点

一、光缆线路工程设计程序

光缆线路工程从项目提出到最终建成投产，通常经过规划、设计、建设准备和计划安排、施工（包括设备安装与线路施工）以及竣工投产 5 个阶段。设计工作是在规划阶段完成的设计任务书的基础上，通过理解设计任务，进行现场勘测，最终形成科学、合理、准确的设计方案的过程。对于一般的建设项目，光缆线路工程设计通常依据以下程序进行：

①研究和理解设计任务；

②工程技术人员的现场勘察；

③初步设计；

④施工图设计；

⑤设计文件的会审；

⑥对施工现场的技术指导及对客户的回访。

为便于从工程建设的连续性角度理解设计工作，下面从项目规划阶段的工作开始进行介绍：

（一）规划阶段

规划阶段的主要任务是拟定项目建议书，再进行可行性研究，最后下达设计任务书。

1.项目建议书

项目建议书的提出是工程建设程序中最初阶段的工作，是在投资决策前对项目轮廓的设想，主要包括如下内容：

①项目提出的背景，建设的必要性和主要依据，引进的光缆通信线路工程和引进理由，国内外主要产品的对比情况，以及几个国家同类新产品的技术、经济分析比较；

②建设规模、地点；

③工程投资估算和资金来源；

④工程进度和经济、社会效益估计。

项目建议书可根据项目规模、性质，报送相关计划主管部门审批。

2.可行性研究

项目建议书经审批后，项目建设单位即可委托具有相应资质的专业机构根据审批结果进行可行性研究并组织专家对该项目进行评估。

可行性研究是对建设项目的技术可行性和投资必要性进行的论证，而专家评估则是指对可行性研究内容做技术、经济等方面的评估，并提出具体的具有建设性的意见和建议，所形成的专家评估意见将作为主管部门进行决策的依据之一。因此，对于大中型项目、关键工程或采用新技术的试验工程和技术引进项目，组织好专家评估是很有必要的。可行性研究报告的具体内容如下：

①总论应包括项目提出的背景、必要性、可行性研究的依据和范围，对建设必要性、规模和效益等评价的简要结论；

②需求预测和拟建规模应包括对通信需求的预测、建设规模和建设项目的范围；

③拟建方案论证应包括干线主要路由及局站设置方案论证，通路组织方案论证，设备选型方案论证，新建项目与原有通信设施的配合，原有设施的利用、挖潜和技术改造方案论证；

④建设可行性条件应包括协作条件、供货情况、设备来源、资金来源；

⑤工程量、设备器材和投资估算及技术经济分析，包括所荐方案的主要工程量，设备、器材的估算，投资估算，技术经济分析；

⑥项目建成后的维护组织、劳动定员和人员培训的建议和估算；

⑦对与工程建设有关的配套建设项目安排的建议；

⑧对建设进度安排的建议；

⑨其他与建设项目有关的问题及注意事项；

⑩附录包括主要文件名称与摘录，业务预测和财务评价计算书，重要技术方案的技术计算书，工程建设方案（路由及设站）总示意图，工程近远期通路组织图，主要过河线、市区进线、重要技术方案示意图。

3.设计任务书

电子通信工程建设项目设计任务是以设计任务书的形式下达的。设计任务书是确定建设方案的基本文件，也是进行工程设计的主要依据。它应根据可行性研究推荐的最佳方案编写，报请有关部门批准生效后下达给设计单位。

光缆线路工程项目的设计任务书主要应包括以下内容：

①建设目的、依据和建设规模；

②预期增加的通信能力，如线路和设备的传输容量；

③线路走向、终端局、各中间站的配置及配套情况；

④与全网的关系及对今后扩容改造的预计。

当建设项目完成了上述的规划阶段后，即可进入设计阶段。

（二）设计阶段

光缆线路工程设计，应根据工程规模、技术复杂程度以及工程技术成熟水平，按不同阶段分开进行，并编制设计文件。对于大型、特殊工程项目或技术上比较复杂而缺少设计经验的项目，国家、军队重点工程项目，如一级干线等，应进行三阶段设计，即初步设计、技术设计和施工图设计。对于一般的大中型建设项目，如二级干线等，均按二阶段设计进行，即初步设计和施工图设计。对于技术已很成熟，新技术应用较少的工程，如短距离市话局中继光缆、本地网的扩建或改建工程等，只按一阶段设计（即施工图设计）进行。

下面叙述各阶段设计的主要内容和要求：

1.三阶段设计

（1）初步设计

初步设计是根据已批准的可行性研究报告、设计任务书、初步设计勘测资料和有关的设计规范进行的。在初步设计阶段，若发现建设条件变化，应重新论证设计任务书。有必要修改原设计任务书的部分内容时，应向原批准单位报批，经批准后方能做相应的改变。

初步设计文件一旦得到批准，即既确定了该建设项目，又确定了该项目的投资规模，此时，初步设计文件就将作为技术设计的依据。

对于光缆数字通信工程，初步设计文件一般分册编制，其中包括初步设计说明和初步设计概算与图纸等内容。

（2）技术设计

技术设计是根据已批准的初步设计进行的，当技术设计及修正总概算批准后，即可作为编制施工图设计文件的依据。

（3）施工图设计

施工图设计文件是根据批准的技术文件和施工图设计勘测资料、主要材料和设备订货情况进行编制的。批准的施工图设计文件是施工单位组织施工的依据。在进行施工图设计时，如需要修改初步设计方案，应由建设单位征求初步设计单位意见，并报有关部门批准后方能进行。

2.二阶段设计

二阶段设计按初步设计和施工图设计两个阶段进行，主要内容与三阶段设计的初步设计和施工图设计的内容基本相同。

3.一阶段设计

一阶段设计说明的内容与主要要求见表6-1，一阶段设计概算、主要材料及图纸的内容与主要要求见表6-2。

表 6-1　一阶段设计说明的内容与主要要求

内容	主要要求
概述	①设计依据；②工程概况；③设计范围；④工程投资额及经济分析
设计方案	①光缆线路路由分析；②系统技术指标；③光缆主要参数；④光缆线路传输损耗及分配；⑤系统构成及芯线分配；光缆防护
有关问题说明	—
施工注意事项	—

表 6-2　一阶段设计概算、主要材料及图纸的内容与主要要求

内容	主要要求
概算说明	①概算依据；②有关的比率及费用的取定；③有关问题的说明
概算及主要材料	①概算总额；②概算总表；③主要材料表；④次要材料表
图纸	①光缆线路路由图；②光缆进局管道示意图；③进线室光缆施工图；④管道光缆入孔中的安装图；⑤架空光缆接头两侧余缆收容伞（箱）加工图；⑥光缆截面图

（三）设计会审与审批

工程设计文件编制完成后，必须经会审通过，并经工程主管单位审批。会审和审批按阶段进行。初步设计文件根据批准的设计任务书进行审查；施工图设计文件根据批准的初步设计及其审批意见进行审查。

设计会审和审批权限是由工程项目的规模、重要性来决定的。设计文件的审查，是由与工程相关的部门、单位（如建设、设计、施工、器材供应、银行等）的领导及工程技术人员进行的。对于应用新技术的工程或技术复杂的工程，还应邀请专家参加审议。

会审的重点主要是技术指标，以及工程量和概预算等方面。审查取得一致意见后，写出会审会议纪要，上报相关主管部门，待批准后，设计文件方能生效。

施工图设计会审对施工部门来说尤为重要。因此，承担工程的施工单位在

会审前应组织直接参加施工的工程技术人员及负责人，对设计文件进行认真阅读、核对，以便在会审会议上提出问题和修改意见。

二、光缆线路工程设计要点

（一）光缆线路工程设计的基本要求

光通信系统是一种高性能的数字传输系统，系统建成后应与现有通信网联网使用，因此新建或改建系统一般应满足下列要求：

①系统性能必须符合本地传输网及长途传输网的技术要求。

②系统性能应稳定可靠。

③通用性强，能方便地与现有系统实现接口联网使用。军事通信网除内部系统实现接口联网使用外，还应考虑与公用通信网及其他专用通信网的接口联网使用，以增加战时通信组网的灵活性。

④功能完善，在技术上具有一定的先进性，以满足今后发展的需要。

⑤结构合理，施工、安装、维护方便。

⑥经济性好，投资效益高。

一个通信项目的投资效益，可以用该项目的平均成本来衡量，如通信系统平均每条线路每千米的综合造价。对于光缆线路来说，同一路由或同一条光缆中具有一定数量的能满足大容量传输技术要求的光纤，在传输技术不断发展的今天，只要光缆在其有效使用寿命期限内，该线路是完全可以通过对传输设备的扩容来适应不断增长的业务需求的。

因此，在进行光缆线路工程设计时，设计人员不但要遵循相关的国家标准、行业标准、技术规范的要求，还应听取 ITU-T（国际电信联盟电信标准分局）的有关建议。具体来说，设计人员应考虑下述有关问题：

①综合考虑系统的容量（传输速率）、传输距离、业务流量、投资额度、

发展的可能性等相关因素，合理选择系统使用的光缆、连接器件和光电设备等，以满足对系统性能的总体要求；

②为提高系统的可靠性和稳定性，系统具有一定数量的备用通道和合适的备用方式；

③充分利用本系统的监测功能，采用集中监控方式，接入全网的网管系统；

④具有保证系统正常工作的其他配套设施。

（二）光缆线路工程设计的基本参数

1.数字系统的基本速率

（1）PDH（plesiochronous digital hierarchy，准同步数字系列）系统的传输速率

①基群：2.048 Mbit/s。

②2 次群：8.448 Mbit/s。

③3 次群：34.368 Mbit/s。

④4 次群：139.264 Mbit/s。

（2）SDH 系统的传输速率

①STM-1：155.52 Mbit/s。

②STM-4：622.08 Mbit/s。

③STM-16：2.5 Gbit/s。

④STM-64：10 Gbit/s。

（3）DWDM 系统的基础速率

①$n \times 2.5$ Gbit/s。

②$n \times 10$ Gbit/s。

2.数字系统的传输窗口

（1）PDH 传输窗口

PDH 使用 1 310 nm 的波长，PDH 系统没有全球统一的复用体制、速率标准，也没有统一的光接口，不同厂家的 PDH 设备光接口上的线路编码不同，线路速率也不同，光接口的性能也没有统一的规定。

（2）SDH 系统的光接口

SDH 采用全球统一的复用体系、速率标准和光接口特性，使用不归零码＋扰码的线路编码，使用 1 310 nm、1 550 nm 的波长，使用的光纤类型包括 G.652、G.653、G.654、G.655 等单模光纤。ITU-T G.957《与同步数字体系有关的设备和系统的光接口》对于同步数字体系传输系统采用的光接口代码采用以下表示方法：应用-STM 等级.后缀数。

（3）波分复用系统光接口

波分复用系统使用多个波长，DWDM 系统目前主要使用 C＋L 波段，以配合 EDFA（erbium-doped fiber amplifier，掺铒光纤放大器）的工作波段；CWDM（coarse wavelength division multiplexing，粗波分复用）的发展趋势是使用从 1 260～1 625 nm 的多个波段，特别适合选用全波光纤，分波、合波器件简单，系统成本较低。

ITU-T G.692《带光放大器的多信道系统的光接口》使用下列光接口代码定义波分复用系统的光接口性能：$nWx\text{-}y.z$。

n：使用的波长数。

W：光放段距离（L 表示长距离光放段应用；V 表示甚长距离光放段应用；U 表示超长距离光放段应用）。

x：光放段数目（$x=1$ 时，线路中不使用光放大器）。

y：最大的单信道 SDH 传输速率（STM-××）。

z：使用光纤的类型（2 表示 G.652 光纤；3 表示 G.653 光纤；5 表示 G.655 光纤）。

（三）光纤、光缆的选用

光纤是构成光传输系统的主要元素，因此在光缆工程设计中，应根据建设工程的实际情况，兼顾系统性能要求、初期投资、施工安装、技术升级及 15～20 年的维护成本，充分考虑光纤的种类、性能参数以及适用范围，慎重选择合适的光纤。下面分别针对短距离应用（数据通信）的多模光纤系统和长距离、大容量的单模光纤系统，介绍光纤的选用。

1.多模光纤系统

光纤通信进入实用化阶段是从多模光纤的局间中继开始的。20 世纪 70 年代末以来，单模光纤新品种不断出现，光纤功能不断丰富和增强，性能价格比不断提高，但多模光纤并没有被取代而是始终保持稳定的市场份额，和其他品种同步发展。20 世纪 90 年代中期以来，世界多模光纤市场基本保持着 7%～8%的光纤用量和 14%～15%的销售份额。其原因是多模光纤的特性正好满足了网络用纤的要求。相对于长途干线，光纤网络的特点是：传输速率相对较低；传输距离相对较短；节点多、接头多、弯路多；连接器、耦合器用量大；规模小，单位长度光纤使用光源个数多。

为适应网络通信的需要，20 世纪 70 年代末到 80 年代初，各国大力开发大芯径、大数值孔径多模光纤（又称数据光纤）。当时 IEC（International Electrotechnical Commission，国际电工委员会）推荐了 4 种不同芯/包尺寸的渐变折射率多模光纤，即 A1a、A1b、A1c 和 A1d。它们的纤芯（μm）/包层直径（μm）/数值孔径分别为 50 μm/125 μm/0.200、62.5 μm/125 μm/0.275、85 μm/125 μm/0.275 和 100 μm/140 μm/0.316。总体来说，芯/包尺寸大则制作成本高、抗弯性能差，而且传输模数量增多，带宽降低。100 μm/140 μm 多模光纤除上述缺点外，其包层直径偏大，与测试仪器和连接器件不匹配，很快便不在数据传输中使用，只用于功率传输等特殊场合。85 μm/125 μm 多模光纤也因类似原因被逐渐淘汰。1999 年 10 月在日本京都召开的 IEC SC 86A GW1 专家组会议对多模光纤标准进行了修改，在 2000 年 3 月公布的修改草案中，85 μm/125 μm 多模光纤已被取消。康宁公司在 1976 年开发的 50 μm/125 μm 多模光纤和朗讯 Bell 实验室在 1983 开发的 62.5 μm/125 μm 多模光纤有相同的外径和机械强度，但有不同的传输特性，一直在数据通信网络领域互相"较量"。

62.5 μm/125 μm 多模光纤比 50 μm/125 μm 多模光纤芯径大、数值孔径大，能从 LED（light emitting diode，发光二极管）光源耦合更多的光功率，因此 62.5 μm/125 μm 多模光纤首先被美国采用为多家行业标准。由于北美光纤用量大和美国光纤制造及应用技术的先导作用，包括我国在内的多数国家均将 62.5 μm/125 μm 多模光纤作为局域网传输介质和室内配线使用。自 20 世纪 80 年代中期以来，62.5 μm /125 μm 光纤几乎成为数据通信光纤市场的主流产品。

近几年随着局域网传输速率的不断升级，50 μm 芯径的多模光纤越来越引起人们的重视。自 1997 年开始，局域网向 1 Gbit/s 发展，50 μm/125 μm 光纤数值孔径和芯径较小，带宽比 62.5 μm /125 μm 光纤大，制作成本也可降低 1/3。因此，各国业界纷纷提出重新启用 50 μm/125 μm 多模光纤。经过研究和论证，国际标准化组织制订了相应标准。但考虑到过去已有相当数量的 62.5 μm/125 μm 多模光纤在局域网中安装使用，IEEE802.3z 千兆比特以太网标准中规定 50 μm/125 μm 和 62.5 μm/125 μm 多模光纤都可以作为 1 Gbit/s 以太网的传输介质使用。但对新建网络，一般首选 50 μm/125 μm 多模光纤。50 μm/125 μm 多模光纤的重新启用，改变了 62.5 μm/125 μm 多模光纤主宰多模光纤市场的局面。

在上述背景的基础上，美国康宁和朗讯等大公司向国际标准化机构提出了"新一代多模光纤"的概念。新一代多模光纤是一种 50 μm/125 μm、渐变折射率分布的多模光纤。采用 50 μm 的芯径是因为这种光纤中传输模的数目大约是 62.5 μm 多模光纤中传输模的 2/5。这可有效降低多模光纤的模色散，增加带宽。对 850 nm 的波长，50 μm/125 μm 比 62.5 μm/125 μm 多模光纤带宽可增加 3 倍。按 IEEE802.3z 标准推荐，在 1 Gbit/s 速率下，62.5 μm 芯径多模光纤只能传输 270 m，而 50 μm 芯径多模光纤可传输 550 m。实际上，最近的实验证实：使用 850 nm VCSEL（vertical-cavity surface-emitting laser，垂直腔表面发射激光器）作为光源，在 1 Gbit/s 速率下，50 μm 芯径标准多模光纤可无误码传输 1 750 m（线路中含 5 对连接器），50 μm 芯径新一代多模光纤可无误码传输 2 000 m（线路中含 2 对连接器）。在 10 Gbit/s 速率下，50 μm 芯径新一代多模光纤可传输 600 m，而具有 200/500 MHz·km 过满注入带宽的标准 62.5 μm 芯径多模光纤只能传输 35 m。

同时，现在由于 LED 输出功率和发散角的改进、连接器性能的提高，尤其是使用了 VCSEL，光功率注入已不成问题。芯径和数值孔径已不再像以前那么重要，而 10 Gbit/s 的传输速率成了主要矛盾，可以提供更高带宽的 50 μm 芯径多模光纤则备受青睐。

2.单模光纤

目前在我国的传输网中使用最普遍的是 G.652 和 G.655 单模光纤，G.653 光纤仅有极少量的使用，但是根据 ITU-T 的建议，单模光纤有 G.652、G.653、G.654、G.655、G.656、G.657 等系列产品。

随着网络建设需求的变化，要有不同性能的光纤光缆标准相适应，因此光纤光缆的技术在不断地发展。从网络建设和发展的角度出发，应根据不同的应用场合选择相应的光纤和相应的光缆结构。下面按核心网、城域网和接入网简单介绍仅传输网光纤选用应关注的方向。

（1）核心（骨干）网应关注 G.655.C、G.655.D、G.655.E 和 G.656 光纤

核心（骨干）网建设应关注 G.655.C、G.655.D、G.655.E 和 G.656 光纤。因为 G.655 光纤的截止波长已降到 1 450 nm，满足了 ITU-T G.695《用于粗波分复用应用的光接口》规定的 8 波粗波分利用的栅格波长范围（1 470～1 610 nm）的要求，更方便了网络安排 WDM 的选择。如果建设 40 Gbit/s 甚至 160 Gbit/s，以及传输距离增加和波分复用数较多的线路时，G.655.C、G.655.D、G.655.E 等子类光纤更适合这类线路的应用。如果还希望对网络进行扩展，以使用更多的波段、增大光纤的传输容量，而这时 G.655.C 光纤的色散指标限制，将不能解

决相应的噪声及干扰，可考虑采用 G.655.D、G.655.E 和 G.656 光纤，因为 G.655.D、G.655.E 在 1 460～1 625 nm 波长段的色散指标为由双曲线所限制的正色散，G.656 光纤在 1 460～1 625 nm 波长段的色散指标为 1～14ps/（nm·km）的正色散，非常适合更宽波长范围内的波分复用，以实现更窄的波长间隔，获得更多的 DWDM 的光通道。

（2）城域（本地）网应关注 G.652.C、G.652.D 和 G.656 光纤

城域网的建设，全波光纤 G.652.C 和 G.652.D 都是优选。由于 G.652.D 的 PMD_Q 值比 G.652.C 的 PMD_Q 值要求更严格，因此，对于 10 Gbit/s 和 40 Gbit/s 传输速率的信号允许更长的传输距离。城域网中不仅要求应用 CWDM，而且可能要求应用 DWDM，甚至扩展到 C 和 L 波段来满足快速增长的带宽需求。这时 G.656 光纤就是最佳选择

（3）接入网应关注 G.652.C、G.652.D 和 G.657 光纤

G.652.C 和 G.652.D 光纤是无水峰光纤，也叫全波光纤，从 1 260～1 625 nm 全部波长都可以开通使用，这种光纤非常适合于 ITU-T G.957《与同步数字体系有关的设备和系统的光接口》、ITU-T G.959.1《光传送网物理层接口》标准规定的传输设备，可以开通直到 10 Gbit/s 的 SDH 传输系统，还可采用 CWDM 技术，满足通信业务的变化需求。对于接入网中的多层公寓单元和室内狭窄安装环境，弯曲不敏感的 G.657 是个很好的选择，G.657.A 与 G.652.D 光纤的性能和应用环境相类似，但它可提供更优秀的弯曲特性。

3. 光缆结构的选择

用以成缆的光纤应筛选传输性能和机械强度优良的光纤，光纤应通过不小于 0.69 GPa 的全长度筛选。光缆结构应使用松套填充层绞型或其他更优良的方式。在目前技术水平下，松套填充层绞型结构的光缆各项指标比较适合于长途干线使用，其他结构的光缆应充分论证，并慎重使用。由于长途干线光缆通信系统一般不使用缆内金属信号或远端供电方式，长途干线光缆线路应采用无金属线对的光缆，如果有特殊需要需采用金属线对的光缆，应按相关规范执行，充分考虑雷电和强电影响及防护措施。根据工程实地环境，在雷电或强

电危害严重地段可选用非金属构件的光缆，在蚁害严重地段可采用防蚁护套的光缆，护套料选用聚酰胺或聚烯烃共聚物等。

第三节　光缆线路设计

线路设计包含的内容有：光缆线路路由选择、中继站站址的选择、敷设方式及要求、水底光缆敷设、光缆的接续、光缆的预留、光缆线路的防护。

一、光缆线路路由选择

（一）长途干线光缆线路路由选择

长途干线光缆线路路由选择应遵循以下原则：

①光缆线路路由方案的选择，应以工程设计任务书和通信网络规划为依据，遵循"路由稳定可靠、走向合理、便于施工维护及抢修"的原则，进行多方案比较，必须满足通信需要，保证通信质量，使线路安全、可靠、经济、合理、便于维护和施工。在满足干线通信的要求下，选择路由还应适当考虑沿线区间的通信需要。

②选择光缆线路路由时，应以现有的地形、地物、建筑设施和既定的建设规划为主要依据，并考虑有关部门发展规划对光缆线路的影响。

③光缆线路路由一般应避开干线铁路、机场、车站、码头等重要设施，且不应靠近非相关的重大军事目标（军用线路除外）。

④长途光缆线路的路由一般应沿公路或可通行机动车辆的大路，应顺路取直并避开公路用地、路旁设施、绿化带和规划改道地段；光缆线路路由距公

路不宜小于 50 m。

⑤光缆线路路由应选择在地质稳固、地势较平坦的地段。光缆线路路由在平原地区，应避开湖泊、沼泽、排涝蓄洪的地带，尽量不穿越水塘、沟渠，不宜强求长距离的大直线，应考虑当地的水利和平整土地规划的影响。光缆线路应尽量少翻越山岭。需要通过山区时，宜选择在地势变化不剧烈、土石方工作量较少的地方，避开陡峭、滑坡、泥石流以及洪水危害、水土流失地区。

⑥光缆线路穿越河流时，应选择在符合敷设水底光缆要求的地方，并应兼顾大的路由走向，不宜偏离过远。对于大的河流或水运繁忙的航道，应着重保证水底光缆的安全，可局部偏离大的路由走向。

⑦光缆线路通过水库时，光缆线路路由应选在水库的上游。如果光缆线路必须在水库的下游通过，应考虑水库发生突发事故危及光缆安全时的保护措施。光缆不应在水坝上或坝基下敷设。如确需在该地段通过，必须经过工程主管单位和水坝主管单位的共同批准。

⑧光缆线路不宜穿越大的工业基地、矿区等地带。必须通过时，应考虑地层沉陷对线路安全的影响，并采取相应的保护措施。

⑨光缆线路不宜穿越城镇，尽量少穿越村庄。当穿越或靠近村庄时，应适当考虑村庄建设规划的影响。

⑩光缆线路不宜通过森林、果园、茶林、苗圃及其他经济林场。应尽量避开地面上的建筑设施和电力、通信杆线等设施。

⑪光缆线路尽量不与其他管线交越，必须穿越时应在管线下方 0.5 m 以下加钢管保护。当敷设管线埋深大于 2 m 时，光缆也可以从其上方适当位置通过，交越处应加钢管保护。

⑫光缆线路不宜选择存在腐蚀和雷击的地段，不能避开时应考虑采取保护措施。

（二）中继光缆线路和进局（站）光缆线路路由选择

中继光缆线路和进局（站）光缆线路路由选择应遵循以下原则：

①干线光缆通信系统的转接、分路站与市内长途局之间的中继光缆线路路由，可参照长途干线光缆线路的要求选择。市区内的光缆线路路由，应与当地城建、电信等有关部门协商确定。

②中继光缆线路一般不宜采用架空方式。远郊的光缆线路宜采用直埋式，但如果经过技术经济比较而选用管道式结构光缆穿在硬质塑料管道中有利时，或在原路由上有计划增设光缆时，为了避免重复挖沟覆土，也可以采用备用管孔的形式。在市区，应结合城市和电信管线规划来确定采用直埋或是管道敷设，采用直埋敷设时应加强防机械损伤的保护措施。

③光缆在市政管道中敷设时，应满足曲率半径和接头位置的要求，并应在管孔中加设子管，以便容纳更多的光缆。如需新建管道，其路由选择应与城建和电信管线网的发展规划相配合。

④引入有人中继站、分路站、转接站和终端局站的进局（站）光缆线路，宜通过局（站）前人孔进入进线室。局（站）前人孔与进线室间的光缆，可根据具体情况采用隧道、地沟、水泥管道、钢管、硬塑料管等敷设方式。

二、中继站站址的选择

局（站）应选用地上型建筑方式。当环境安全和设备工作条件有特殊要求时，局（站）机房也可选用地下或半地下结构建筑方式。新建、购买或租用局（站）机房时，其承重、消防、高度、面积、地平、机房环境等指标均应符合YD 5003—2014《通信建筑工程设计规范》和其他相关技术标准。

（一）有人中继站站址的选择

有人中继站站址的选择应遵循以下原则：

①有人中继站的设置应根据网络规划、分转电路的需要，并结合传输系统的技术要求确定。

②有人中继站站址宜设在县及县以下城镇附近，宜选择在通信业务上有需求的城市。

③有人中继站站址应尽量靠近长途线路路由的走向，便于进出光缆。

④有人中继站与该城市的其他通信局（站）是设计在一起还是中继连通，应按设计任务书的要求考虑。

⑤有人中继站站址应选择在地质稳定、坚实，有水源和电源，且具有一定交通运输条件，生活比较方便的地方。

⑥有人中继站站址应避开外界电磁影响严重的地方、地震区、洪水威胁区、低洼沼泽区和雷击区等自然条件不利或者对维护人员健康有危害的地区。

（二）无人中继站站址的选择

无人中继站的设置，应根据光纤的传输特性要求来确定。地下无人中继站站址应在光缆线路路由的走向上，允许在其两侧稍有偏离。无人中继站站址的选定应遵循以下原则：

①土质稳定、地势较高或地下水位较低，适合建设无人中继站；

②交通方便，有利于维护和施工；

③避开有塌方危险、地面下沉、低洼和水淹的地点；

④便于地线安装，避开电厂、变电站、高压杆塔和其他防雷接地装置；

⑤在中继段长度允许的情况下，无人中继站应尽量设置在城镇邮电所内。

三、敷设方式及要求

长途通信光缆干线在非市区地段，敷设方式以直埋和简易塑料管道敷设为主，个别地段根据现场情况可采用架空方式。目前，长途光缆以管道敷设的光缆的比例逐渐增加，包括塑料长途管道和普通水泥管道等，可以预见这一趋势将继续发展，架空光缆不适合普遍应用于长途干线。不同的敷设方式应满足下列要求：

①采用直埋方式敷设时光缆的埋深要求视土质情况和地面建筑的不同而有所区别。

②直埋光缆与其他建筑物及地下管线间的最小距离应符合规范的要求。

③布放或安装时光缆的最小弯曲半径不得小于光缆外径的 20 倍，安装固定后的弯曲半径不得小于光缆外径的 15 倍。

④同沟敷设的多条光缆之间的平行净间距应不小于 10 cm，且不得交叉或重叠。

⑤长途光缆线路在下列情况下可局部采用架空方式：

a.穿越深沟、峡谷等直埋不安全或建设费用很高的地段；

b.地面或地下障碍物较多，施工特别困难或赔偿费用很高的地段；

c.受其他建设规划影响的地段；

d.发生明显地面下陷或沉降的地段；

e.路由上的永久性坚固桥梁如没有建专用或公用通道，但允许做吊线支撑时，可以在桥上架挂；

f.在长距离直埋地段局部架空时，可不改变光缆程式。

⑥下列地段不宜采用架挂：最低气温低于−30 ℃的地区、经常遭受强风暴或沙暴袭击的地段。另外，还应注意以下两点：

a.架空光缆使用的吊线程式，应根据最大负荷时在允许的张力范围内且光缆因受力的延伸率不超过 0.2%来确定吊线的程式和规格；

b.结合光缆外径选用光缆挂钩的程式。

⑦直埋长途通信光缆线路在进入市区、城镇时，应在已设或新设电信管道中敷设，此时应考虑管孔占用位置的合理性，且光缆应布放在塑料子管中。

⑧长途光缆也可在专用的长途光缆塑料管道中敷设。长途光缆塑料管道应采用大长度、高密度聚乙烯硅芯管，采用气送光缆布放技术敷设。长途光缆塑料管道的建筑应符合规范要求，塑料管道与电力线平行时的最小隔距、塑料管道与其他地下管线的隔距、塑料管道与其他建筑设施的隔距、塑料管道的埋设深度等都应遵循相关设计规范。

四、水底光缆敷设

（一）水底光缆规格选用原则

①河床稳定、流速较小但河面宽度大于 150 m 的一般河流或季节性河流，应采用短期抗张强度为 2 000 N 的钢丝铠装光缆；

②河床不太稳定、流速大于 3 m/s 的河流或主要通航河道等，应采用短期抗张强度为 4 000 N 的钢丝铠装光缆；

③河床不太稳定、冲刷严重的河流，以及特大河流应采用特殊设计的加强钢丝铠装光缆。

（二）水底光缆线路的过河位置

水底光缆线路的过河位置，应选择在河道顺直、流速不大、河面较窄、土质稳固、河床平缓、两岸坡度较小的地方。不应在以下地点敷设水底光缆：

①河道的转弯处；

②两条河流的汇合处；

③水道经常变更的地段；

④沙洲附近；

⑤产生漩涡的地段；

⑥河岸陡峭、常遭激烈冲刷而易塌方的地段；

⑦险工地段；

⑧冰凌堵塞危害的地段；

⑨有拓宽和疏浚计划的地段；

⑩有腐蚀性污水排泄的水域；

⑪附近有其他水底电缆、光缆、沉船、爆炸物、沉积物等的区域。同时，在码头、港口、渡口、桥梁、抛锚区、避风处和水上作业区的附近，不宜敷设水底光缆，若需敷设要远离 500 m 以外。

（三）水底光缆的最小埋设深度

①水深小于 8 m（指枯水季节的深度）的区段，按下列情况分别确定：

a.河床不稳定或土质松软时，光缆埋入河底的深度不应小于 1.5 m；

b.河床稳定或土质坚硬时不应小于 1.2 m。

②水深大于 8 m 的区域，一般可将光缆直接放在河底不加掩埋。

③在冲刷严重和极不稳定的区段，应将光缆埋设在变化幅度以下。如遇特殊困难，在河底的埋设深度不应小于 1.5 m，并应根据需要对光缆做适当预留。

④在有疏浚计划的区段，应将光缆埋设在计划深度以下 1.0 m 或在施工时暂按一般埋深，但需对光缆做适当预留，待疏浚时再下埋至要求深度。

⑤石质或风化石河床，埋深不应小于 0.5 m。

⑥水底光缆在岸滩比较稳定的地段，埋深不应小于 1.5 m。

⑦水底光缆在洪水季节会受到冲刷或土质松散不稳定的地段，应适当增加埋深，光缆上岸的坡度不应大于 30°。

（四）水底光缆的敷设要求

①水底光缆在通过有堤坝的河流时应伸出堤坝外，且不宜小于 50 m，在穿越无堤坝河流时，伸出距离应根据河岸的稳定程度及岸滩的冲刷情况而定，水底光缆伸出岸边不应小于 50 m。

②河道、河堤有拓宽或整改规划的河流，经过土质松散、易受冲刷的不稳定岸滩部分时，水底光缆应有适当的预留。

③水底光缆穿过河堤的方式和保护措施，应能够确保光缆和河堤的安全。光缆穿越河堤的位置应在历年最高洪水水位以上，对于河床逐年淤高的河流，应考虑到 15～20 年的洪水水位。光缆在穿越土堤时，宜采用爬堤敷设的方式，光缆在堤顶的埋深不应小于 1.5 m，在堤坡的埋深不宜小于 1.0 m，如果堤顶兼为公路，应采取保护措施。若达不到埋深要求，可采用局部垫高堤面的方式，光缆上垫土的厚度不应小于 0.8 m。河堤的复原与加固应按照河堤主管部门或单位的有关规定处理。光缆穿越较少的、不会引起灾害的防水堤时，可在堤坝基础下直埋穿越，但要经过河堤主管单位的同意。光缆不宜穿越石砌或混凝土河堤，必须穿越时应采用钢管保护，其穿越方式和加固措施应与河堤主管单位协商确定。

④水底光缆应按现场查勘的情况和调查的水文资料确定最佳施工季节和可行的施工方法。水底光缆应根据光缆规格、河宽、水深、流速、河床土质、施工技术水平和经济效果等因素，选择人工挖沟敷设、水泵冲槽或冲放器敷设等方式敷设，对石质河床可采用爆破方式。

⑤光缆在河底的敷设位置，应以测量时的基线为基准向上游弧形敷设。弧形敷设的范围，应包括在洪水期间可能受到冲刷的岸滩部分，弧形顶点应设在河流的主流位置上。弧形顶点至基线的距离，应按弧形弦长的大小和河流的稳定情况确定，一般可为弦长的 10%，冲刷较大或水面较窄的河流可将比率适当放大。当布放两条及两条以上水底光缆，或者在同一水区有其他光缆、电缆、管线时，相互间应保持足够的安全距离。

⑥水底光缆不宜在水中接续，如不可避免则应保证接头的密封性能和机械强度达到要求。

⑦靠近河岸部分的水底光缆，如易受到冲刷、塌方和船只靠岸等危害，可选用下列保护措施：加深埋设、覆盖水泥板、采用关节形套管、砌石质护坡或堆放石笼。对石质河床的光缆沟，还应考虑采取防止光缆护层磨损的措施。

⑧水底光缆的终端一般应设置一两个"s"弯作为光缆的预留，对于较大的河流或岸滩有冲刷的河流，或者在光缆终端处土质不稳定时，除设"s"弯外，还应将水底光缆固定在锚桩上。

⑨水底光缆穿越通航的河流时，在过河点的河堤或河岸上应设置醒目的光缆标志牌。

另外，特大河流应设置备用水底光缆，主、备光缆间的距离不应小于 1 km，两缆的长度应尽量相等。

五、光缆的接续

①长途光缆的接续一般应采用可开启式密封型光缆接头盒；

②光纤一般应采用熔接法接续；

③光纤的接续部位必须有加强件保护；

④光缆金属加强芯可不进行电气连通；

⑤接头盒必须有良好的防水密封性能，其机械强度和防腐性应满足工程需要；

⑥光纤接续平均损耗每处不大于 0.05 dB，最大损耗每处一般不大于 0.08 dB。

六、光缆的预留

为了便于光缆线路的维护使用，在设计、施工中应考虑光缆的预留。

①直埋、管道、架空光缆的预留长度及位置应符合设计规范的有关规定；

②水底光缆预留长度及位置应符合设计规范的有关规定。

七、光缆线路的防护

光缆线路的防护主要包括光缆线路的防雷、防强电、防白蚁、防冻害、防机械损伤等。下面主要讨论光缆线路的防雷、防强电、防机械损伤、防冻害等相关内容。

（一）光缆线路的防雷

光纤本身是不受雷电影响的，但是为防止机械损伤、加强光缆的机械强度，光缆中一般采用金属构件（金属加强芯、金属挡潮层或金属铠装）。因此，工程设计中必须考虑光缆线路的防雷问题。光缆线路的防雷措施如下：

①根据雷击的规律和敷设地段环境，避开雷击区或选择雷击活动较少的光缆路由，如光缆线路在平原地区，应避开地形突变处、水系旁或矿藏区；如光缆线路在山区，应选择峡谷地带。

②不对光缆的金属护套或铠装进行接地处理，使之处于悬浮状态。

③光缆的所有金属构件在接头处不进行电气连通，局、站内的光缆金属构件全部连接到保护地。

④在平均雷暴日数大于 20 天的地区，埋式光缆的防雷措施应符合下列要求：

a.大地电阻系数 P 小于 $100\,\Omega \cdot m$ 的地段可不设防雷线；

b.大地电阻系数 P 为 100～500 Ω·m 的地段，在光缆上方 30 cm 处，应连续敷设一条 7/2.2 镀锌钢绞线作为防雷线；

c.大地电阻系数 P 大于 500 Ω·m 的地段，在光缆上方 30 cm 处，平行相距 9～20 cm 连续敷设两条 7/2.2 镀锌钢绞线作为防雷线；

d.防雷地线的连续布放长度应不小于 2 km，防雷线也叫"地下排流线"，具体布设方法参见相关书籍。

⑤架空光缆还可选用下列防雷保护措施：

a.光缆吊线每隔一定距离进行接地处理，一般可选择 300～500 m 距离，利用电杆避雷线或拉线进行接地处理，每隔 1 km 左右加装绝缘孔子进行电气断开；

b.雷害特别严重或屡遭雷击的地段可装设架空地线；

c.如与架空明线合杆，则应架设在架空明线回路的下方，明线目前已经基本退出电信服务，但此时可保留明线线条，且将其间隔接地，作为一种防雷措施；

d.雷害严重地段，可采用非金属加强芯光缆或采用无金属构件结构形式光缆。

（二）光缆线路防强电

①光缆线路应尽量与高压输电线或电气化铁路馈电线保持足够的距离。

②光缆线路与强电线路交越时，宜垂直通过，在困难的情况下，交越角度应不小于 45°。

③施工中应注意不要磨损光缆护套，确保光缆内金属护层的对地绝缘符合要求。

④光缆的金属护套、金属加强芯在接头处不进行电气连通，缩短光缆线路金属构件的连续长度，减少感应电压的累积。金属构件不用接地。

⑤当上述措施无法满足安全要求时，可增加光缆绝缘外护层的介质强度，

采用非金属加强芯或无金属构件的光缆。

⑥在接近交流电气化铁路的地段，在进行光缆线路施工或检修时，应将光缆的所有金属构件临时接地，以保证参加施工或检修人员的人身安全。

（三）直埋光缆防机械损伤

①线路过铁路时应垂直顶钢管穿越，钢管应伸出路基两侧的排水沟外1.0 m，距排水沟底不应小于0.5 m。

②光缆线路过公路时宜垂直穿越，光缆穿越车流量大、路面开挖受限制的公路时，应采用钢管等保护，钢管应伸出路基两侧的排水沟外1.0 m，距排水沟底不应小于0.5 m。若路两侧有较宽的深沟或水渠，保护管可不伸出沟渠。

光缆穿越允许开挖的公路时，可以直埋通过，在光缆上方覆盖水泥盖板、红砖或加塑料管等保护，保护段的长度应伸出排水沟1.0 m。

③光缆穿越沟渠、水塘等时，应在光缆上方盖水泥盖板或加塑料管等进行保护。

④光缆敷设在坡度大于20°、坡长大于30 m的斜坡上时，应采用"s"形敷设。光缆敷设在坡度大于30°、坡长大于30 m的斜坡上时，应选用抗张强度大于2 000 N的钢丝铠装光缆，且采用"s"形敷设。因条件限制而不能采用"s"形敷设时，可采用埋桩等方法来加固光缆。若坡上的光缆沟有受水流冲刷的可能，应采取堵截、加固或分流等措施。

⑤光缆经过山涧、水溪等易受冲刷的地段时，应根据具体情况设置漫水坡、挡土墙或其他保护措施。

⑥梯田、台田的堰坝、陡坎和护坡处的光缆沟，应因地制宜地采取措施，以防止冲坏光缆和造成水土流失。

（四）光缆线路的防冻害

由于气候条件差异和季节性的气候变化，寒冷地区出现永久冻土层或季节性冻土层。在这些地区敷设光缆，如果埋设深度选择不当或选用光缆不当，都有可能发生季节性光缆线路故障。因此，应针对寒冷地区不同的气候特点和冻土状况采取防冻措施。

①最低气温低于−30 ℃的地区，不宜采用架空光缆敷设方式。

②在寒冷地区使用的光纤光缆应选用温度范围为 A 级（最低限为−40 ℃）的光纤光缆。

③在季节性冻土层中敷设光缆时，可采取增加埋深的措施，增加埋深是为了避开不稳定的冻土，例如，东北的北部地区属于季节性冻土层地区，工程中可将光缆埋深增加到 1.5 m。

④在有永久冻土层的地区敷设光缆时应注意不扰动永久性冻土层。一般采用减小光缆埋深的方法，保持永久冻土层的稳定。

第四节　光缆线路工程设计勘测

勘察与测量是工程设计中的重要工作。勘测所取得的资料是设计的重要基础资料。勘测人员要通过现场勘测，搜集工程设计所需要的各种资料，并在全面调查研究的基础上，结合初步拟定的工程设计方案，进行认真的分析、研究，为确定设计方案提供准确和必要的依据。在现场勘测工作中，如果发现实际情况与设计任务书有较大出入，勘测人员应上报原下达任务书的单位重新审定，并在设计中特别加以论证说明。

光缆线路工程的勘测工作一般分为初步设计查勘和施工图测量两个阶段。但对跨省的长途干线工程，为了编制规划阶段工程建设的可行性研究报告或作为工程投标之用，首先应进行工程可行性研究及工程方案查勘。

一、工程可行性研究报告及工程方案查勘

由设计人员、主管及相关部门的有关人员组成查勘组。查勘前在 1∶200 000 的地形图上初步拟定工程途经的大城市路由走向和重点地区的路由方案，在 1∶50 000 的地形图上拟定沿途转接站、分路站和有人中继站的设置方案，并对工作内容、查勘程序、工程进度进行安排。

工程可行性研究报告及工程方案查勘的任务有以下四点：

①拟定光缆传输系统设备、线路传输系统的光缆规格型号和多路传输设备的制式；

②拟定工程大致路由走向以及重点地段的线路路由方案；

③拟定终端站和沿途转接站、分路站、有人中继站的建设方案，建设规模及其建筑结构，提出关键性新设备的研制及与本工程互相配合的问题；

④初步提出本工程的技术经济指标和工程投资估算数额，论证本工程建设的可行性。

二、光缆线路勘测

（一）初步设计查勘

由设计专业人员和建设单位代表组成查勘小组，查勘前应做的工作包括：研究设计任务书（或可行性报告）的内容与要求；收集与工程有关的文件、图纸与资料；在 1∶50 000 的地形图上初步标出拟定的光缆路由方案；初步拟定无人中继站站址的设置地点，并测量标出相关位置；准备查勘工具。

初步设计查勘的主要任务如下：

①选定光缆线路路由：选定线路与沿线城镇、公路、铁路、河流、水库、桥梁等地形地物的相对位置；选定进入城区所占用街道的位置，利用现有通信

管道或需新建管道的规程；选定在特殊地段的具体位置。

②选定终端站、转接站、有人中继站的站址：配合数字通信、电力、土建专业人员，依据设计任务书的要求选定站址，并商定有关站的总平面布置以及光缆的进线方式、走向。

③拟定中继段内各系统的配置方案：拟定无人中继站的具体位置，无人中继站的建筑结构和施工工艺要求；确定中继设备的供电方式和业务联络方式。

④拟定各段光缆的规格、型号：根据地形自然条件，首先拟定光缆线路的敷设方式，由敷设方式确定各地段所使用的光缆的规格和型号。

⑤拟定线路上需要防护的地段及防护措施：拟定防雷、防蚀、防强电、防啮齿动物以及防机械损伤的地段和措施。

⑥拟定维护事项：拟定维护制式，如果采用充气维护制式，要拟定制式系统和充气点的位置；拟定维护方式和维护任务的划分；拟定维护段、巡房、水线房的位置；提出维护工具、仪表及交通工具的配置；结合监控告警系统，提出维护工作的安排意见。

⑦对外联系：对于穿越铁路、公路或建设在路肩（即路的两侧）、重要河道、大堤附近以及进入市区的光缆线路，协同建设单位与相关主管单位协商光缆线路需穿越的地点、保护措施及进局路由，必要时发函备案。

⑧初步设计现场查勘：查勘人员按照分工进行现场查勘。

这一阶段应完成以下任务：

a.核对在 1：50 000 的地形图上初步标定的光缆路由方案位置；

b.向有关单位核实收集、了解到的资料内容的可靠性，核实地形、地物、建筑设施等的实际情况，对初拟路由中地形不稳固或受其他建筑影响的地段进行修改调整，通过现场查勘比较，选择最佳路由方案；

c.在现场确定光缆线路进入市区时利用的现有管道的长度、需新建管道的地段和管孔配置、计划安装制作接头的人孔位置；

d.根据现场地形，研究确定利用桥梁附挂的方式和采用架空敷设的地段；

e.确定光缆线路穿越河流、铁路、公路的具体位置，并提出相应的施工方案和保护措施；

f.拟定光缆线路的防雷、防蚀、防强电、防机械损伤的段落、地点及措施；

g.查勘沿线土质种类，初估石方工程量和沟坎的数量；

h.了解沿线白蚁和啮齿动物繁殖及对地下光缆的伤害情况；

i.配合电力、土建专业人员进行初步设计查勘任务中的机房选址，确定光缆的进线方式与走向；

j.同当地局（站）维护人员研究拟定初步设计中关于通信系统的配置和维护制式等有关事项。

⑨整理图纸资料：通过对现场查勘和先期收集的有关资料的整理、加工，形成初步设计的图纸。将线路路由两侧一定范围（各 200 m）内的有关设施，如军事重地、矿区范围、水利设施、接近的输电线路、电气化铁道、公路、居民区、输油管线、输气管线，以及其他重要建筑设施（包括地下隐蔽工程）等，准确地标绘在 1∶50 000 的地形图上。

⑩总结汇报：查勘组全体人员对选定的路由、站址、系统配置、各项防护措施及维护设施等具体内容进行全面总结，并形成查勘报告，向建设单位汇报。对于暂时不能解决的问题以及超出设计任务书范围的问题，报请上级主管部门批示。

（二）施工图测量

施工图测量是指在光缆线路施工图设计阶段进行光缆线路施工安装图纸的具体测绘工作，并对初步设计审核中的修改部分进行补充勘测。设计人员要通过施工图测量，使线路敷设的路由位置、安装工艺、各项保护措施进一步具体化，并为编制工程预算提供第一手资料。

测量之前首先要研究初步设计和审批意见，了解设计方案、设计标准和各项技术措施的确定原则，明确初步设计会审后的修改意见；了解对外调查联系工作情况和施工图测量中需要补做的工作；了解现场实际情况与初步设计查勘情况的不同之处，例如因路由变动而影响站址、水底光缆路由以及进城路由走向的变动等；确定参加测量的人数，明确人员分工，制订出日进度计划；准备测量用的工具仪器。

1.测量工作

测量人员一般分为五个组，即大旗组、测距组、测绘组、测防组及对外调查联系组，可根据需要配备一定数量的人员。

施工图测量工作应解决在初步设计查勘中所遗留的问题。这些问题包括：

①在初步设计查勘中已与有关单位谈成意向但尚未正式签订的协议；

②邀请当地政府有关部门的领导深入现场，介绍并核查有关农田、河流、渠道等设施的整治规划，乡村公路、干道及工农副业的建设计划，以便测量时考虑避让或采取相应的保护措施；

③按有关政策及规定与有关单位及个人洽谈需要迁移电杆、砍伐树木、迁移坟墓、损坏路面、损伤青苗等的赔偿问题，并签订书面协议；

④了解并联系施工时的住宿、工具、机械和材料囤放及沿途可能提供劳力的情况。

2.整理图纸资料

整理图纸资料工作包括以下内容：检查各项测绘图纸；整理登记资料、测防资料及对外调查联系工作记录，收集建设单位与外单位签订的有关路由批准或协议文件；统计各种程式的光缆长度、各类土质挖沟长度及各项防护加固措施的工程量。

3.总结汇报

测量工作结束后，测量组应进行全面系统的总结，在路面图上对路由与各项防护加固措施做重点描述。对于未能取得统一看法的问题，应与建设单位协商，广泛征求意见，把问题解决在编制设计文件之前，以加快设计进度，提高设计质量。

第五节 光缆线路工程设计文件的编制

设计文件是设计任务的具体化，编制过程是对有关的设计规范、标准和技术的综合运用，是对查勘、测量收集所获得资料的有机整合，应充分反映设计者的指导思想和设计意图，并为工程的施工、安装建设提供准确而可靠的依据。设计文件也是设计工作规范化和标准化的具体体现。因此，编制设计文件是工程设计中十分重要的一个环节。

一、设计文件的内容

设计文件一般由以下四部分组成：

（一）文件目录

文件目录是指设计文件装订成册后，为了便于文件阅读而编排的文件内容的汇总。它包括设计说明和概预算编制说明主要内容的顺序，以及概预算表格和所有设计图纸的装订顺序。

（二）设计说明和概预算编制说明

设计说明应全面反映该工程的总体概况，如工程规模、设计依据、主要工作量及投资情况、对各种可供选用方案的比较及结论、单项工程与全程全网的关系、通信系统的配置和主要设备的选型等。

（三）概预算表

通信建设工程概预算的编制应按相应的设计阶段进行。当建设项目采用两阶段设计时，初步设计阶段编制概算，施工图设计阶段编制预算。采用三阶段设计的技术设计阶段应编制修正概算。采用一阶段设计时，只编制施工图预算。概预算是确定和控制固定资产投资规模、安排投资计划、确定工程造价的主要依据，也是签订承包合同、实行投资包干及核定贷款额及结算工程价款的主要依据，同时又是筹备材料、签订订货合同和考核工程设计技术经济合理性及工程造价的主要依据。

（四）图纸

设计文件中的图纸是设计意图的符号、图形形式的具体体现。不同的工程项目，图纸的内容及数量不尽相同。因此，要重视具体工程项目的实际情况，准确绘制相应的图纸。

设计文件除了上述的主要内容，还应包括承担该设计任务的设计单位资质证明、设计单位收费说明和设计文件分发表。

二、工程概预算的作用、编制原则及编制依据

（一）工程概预算的作用

初步设计概算是初步设计文件的重要组成部分，它的主要作用如下：

①是确定基本建设项目投资和编制基本建设计划的依据；

②是国家控制基本建设投资，安排基本建设计划和控制施工的依据；

③是签订建设项目总承包合同，实行基本建设投资包干以及贷款的依据；

④是选择设计方案的依据；

⑤是考核建设项目成本和设计经济合理性的依据。

施工图预算是施工图设计文件的重要组成部分，它的主要作用如下：

①是考核光缆线路工程成本和确定工程造价的依据；

②按预算承包的工程，预算经审定后，是签订工程合同、实行投资包干、办理工程结算的依据；

③实行施工招标的工程，施工图预算是编制工程标准的依据；

④是银行拨款及贷款的依据；

⑤是施工企业进行成本核算，考核管理水平的依据。

（二）工程概预算的编制原则

①光缆线路工程概预算的编制应按相应的设计阶段进行。

②光缆线路工程概预算应按单项工程编制。

③编制概预算时，设备、工具器材、主要材料的原价按定额管理部门发布的价格计算；如已签订订货合同，可按合同价格计算。

④一个大的建设项目若由多个单位共同设计，总体（主体）设计单位负责统一概预算的编制，各分设计单位负责本设计单位所承担的单项工程概预算的编制。

⑤光缆线路工程概预算必须由持有勘察设计证书的单位来编制，而编制人员必须持有电子通信工程概预算资格证书。

⑥由厂家负责安装调试的光缆线路工程设备可按本办法编制工程概预算，但不得收取间接费和计划利润。

（三）工程概预算的编制依据

初步设计概算的编制依据包括：

①批准的可行性研究报告；

②确定工程建设项目的文件和设计任务书（包括建设目的、规模、理由、投资、产品方案和原材料的来源）；

③初步设计或扩大初步设计图纸、设备材料和有关技术文件；

④光缆线路工程概算定额及编制说明；

⑤光缆线路工程费用定额及有关文件；

⑥建设项目所在地政府颁布的土地征用和赔补费用等有关规定；

⑦国家及有关部门规定的设备和材料价格。

施工图预算的编制依据包括：

①批准的初步设计或扩大初步设计概算及有关文件；

②施工图、通用图、标准图及说明；

③光缆线路工程预算定额及编制说明；

④光缆线路工程费用定额及有关文件；

⑤建设项目所在地政府发布的有关土地征用和赔补费用等的规定；

⑥国家及有关部门现行的设备和材料预算价格。

三、概预算费用组成

光缆线路工程项目总费用由工程费、工程建设其他费和预备费三部分构成。施工图预算一般是按单位工程或单项工程编制的工程费用来计算的。

四、概预算的文件组成

光缆线路工程项目的设计文件按各种通信方式和专业划分为单项工程和单位工程。每个单项工程应有单独的概预算文件，包括概预算编制说明，概算总表，光缆线路工程费用概预算表，光缆线路工程量概预算表，器材概预算表。

单位工程概预算文件的组成可参照单项工程，并作为相关单项工程概预算文件的组成部分。

建设项目的总概算文件应包括总概算编制说明、建设项目总概算表、各单项工程概算总表、工程建设其他费用概算表。跨省的光缆线路工程应按省编制概算总表及概算说明。

施工图预算应按单位工程（或单项工程）编制。预算文件包括预算说明、光缆线路工程预算表和器材预算表。

（一）说明文件

概算编制说明应包括下列内容：

② 工程概况、规模及概算总价值。

②概算编制依据，包括设计文件、定额、价格、对规定以外的取费标准或计算方法的说明，以及工程建设中有关地方规定部分和相关部门未做统一规定的费用计算依据和说明。

③投资分析，主要包括各项投资的比例和费用构成、投资情况、对设计的经济合理性及编制中存在的问题的说明。

④有关概算的一些协议文件应摘编入附录。

⑤其他应说明的问题。

预算编制说明应包括下列内容：

①工程概况、规模及预算总价值。

②预算编制依据以及取费标准或对计算方法的说明，预算中有关地方规定的费用计算和调整的方法依据及说明。

③工程技术、经济指标分析。

④其他应说明的问题。

（二）概预算表格

编制概预算使用的表格，应根据国家有关规定采用统一格式。

概预算表共 5 种 8 张，反映光缆线路工程项目中的各项费用的情况。

表一：光缆线路工程概预算总表，供编制建设项目总费用或单项工程费用使用。

表二：光缆线路工程费用概预算表，供编制光缆线路工程费用使用。

表三（甲）：光缆线路工程量概预算表，供编制光缆线路工程量使用。

表三（乙）：光缆线路工程施工机械使用费用概预算表，供编制光缆线路工程机械台班费用使用。

表四（甲）：器材概预算表，供编制设备、材料、仪表、工具、器具的概预算和施工图材料清单使用。

表四（乙）：引进工程器材概预算表，供引进工程专用。

表五（甲）：工程建设其他费用概预算表，供编制建设项目（或单项工程）的工程建设其他费用使用。

表五（乙）：引进工程其他费用概预算表，供引进工程专用。

五、概预算的编制及审批

（一）一般工程概预算的编制程序

①收集资料，熟悉图纸。在编制概预算前，应收集有关资料，如工程概况、材料和设备的价格、所用定额、有关文件等，并熟悉图纸，为准确编制概预算表做好准备。

②计算工程量。根据设计图纸，计算出全部工程量，并填入表三（甲）中。

③套用定额，选用价格。根据汇总的工程量，计算出技工、普工总工日，主要材料用量和机械台班量，分别填入相应表格。

④计算各项费用。根据费用定额的有关规定，计算各项费用并填入相应的表格中。

⑤复核。认真检查、核对。

⑥拟写编制说明。按编制说明内容的要求，说明编制过程中的有关问题。

⑦审核出版，填写封皮，装订成册。

（二）引进设备安装工程概预算编制

①引进设备安装工程概预算的编制是指对引进设备的费用、安装工程费及相关的税金和费用的计算。无论从何国引进，除必须编制引进的设备价款外，一律按设备到岸价的外币折成人民币的价格，再按有关条款进行概预算的编制。

②引进设备安装工程应由国内设备单位作为总体设计单位，并编制工程总概预算。

③引进设备安装工程概预算编制的依据为：经国家有关部门批准的引进工程项目订货合同、细目及价格，国外有关技术经济资料及相关文件，国家发布的现行电子通信工程概预算编制办法、定额和有关规定。

④引进设备安装工程概预算应用两种货币形式表现，外币表现可用美元或引进国货币。

⑤引进设备安装工程概预算除包括有关文件规定的费用外，还包括关税、增值税、进口调节税、海关监理费、外贸手续费、银行财务费和国家规定应计取的其他费用，其计取标准和办法按国家有关规定办理。

（三）概预算的审批

①设计概算的审批。设计概算由建设单位主管部门审批，必要时可委托下一级主管部门审批。设计概算必须经过批准方可作为控制建设项目投资及编制修正概算或施工图预算的依据。设计概算不得突破批准的可行性研究报告的投资额，若突破时，设计单位应陈述理由，并由建设单位报原可行性研究报告批准部门审批。

②施工图预算的审批。施工图预算应由建设单位审批。施工图预算需要修改时，应由设计单位修改，由建设单位报主管部门审批。

第七章　电子通信工程抗干扰设计

第一节　噪声及通信干扰概述

一、噪声

（一）噪声的来源

通信系统中的噪声无处不在，噪声是指在接收机中出现的任何不需要的电压或电流信号。噪声会引起模拟信号的失真或数字信号的误码，从而降低通信系统的可靠性。

噪声既来自人为活动，又来自自然现象。在人为活动方面，各类工业或生活电气设备的开关瞬间都会产生火花，如发动机点火系统、汽车点火系统、荧光灯点亮等，这些火花所引起的噪声通过大气辐射出去，若频谱正好在某通信设备接收天线的频带范围以内，就会对通信设备造成干扰。当然，邻台的无线电信号频谱泄漏也会对接收天线带来干扰，这也可以看成一种噪声。

自然噪声既来自宏观世界，又来自微观世界。宏观世界是指在自然界中的各种电磁波的辐射现象，如闪电放电、太阳或其他星球产生的宇宙噪声。微观世界是指由于通信设备中电子元器件内部粒子运动而产生的热噪声和散弹噪声等。

（二）噪声的分类

1.按噪声对信号的作用方式分类

按照噪声对信号的作用方式，噪声主要分为加性噪声和乘性噪声。加性噪声叠加在信号上，大多数噪声属于加性噪声；乘性噪声主要来自信道对信号的影响。

2.按噪声的性质分类

按照噪声的性质，噪声可分为脉冲噪声、单频噪声和起伏噪声三类。

脉冲噪声在时域上突发，持续时间短促，幅度大，频谱很宽，设备点火、开关和雷电等都会产生脉冲噪声。脉冲噪声对模拟通信的影响较小，一般可用信道编码技术加以消除或减轻。

单频噪声是指单一频率或者窄带频谱的干扰信号，主要来自相邻电台，其频率和频谱通常已知，影响有限。

起伏噪声是在时域上始终存在、在频域上为宽频谱的随机噪声，来自电子器件内部或天体宇宙，其影响无时无处不在，是影响通信系统可靠性的主要因素。

在分析通信系统的抗噪声性能时，主要考虑起伏噪声的影响。

（三）噪声的度量

在电子电路工作时，不可能完全排除噪声的影响（这种影响包括外部噪声对电路的影响以及电路本身工作时可能对其他电路形成的影响两方面的内容）。实际上，人们只能要求噪声尽可能小，以不影响电路的正常工作为原则。但究竟应允许有多大的噪声存在而又不影响电路的工作呢？这个界限往往是较难确定的。这一点必须和有用信号联系在一起考虑。显然，当有用信号较强时，可以允许存在较强的噪声信号；当有用信号较弱时，则允许的噪声信号就必须很弱。在实际工作中，如何具体度量这些信号的强弱呢？这就要用到信噪比、噪声系数以及分贝。

1.信噪比

信噪比表示有用信号与干扰信号（噪声信号）的相对强弱，即两者的比值，通常以 S/N 表示。信噪比值越大，就意味着噪声的影响越小。当有用信号强弱与噪声信号强弱都用分贝值表示时，信噪比即可取两者的差值。信噪比是通信领域的重要性能指标之一。

2.噪声系数

噪声系数（NF）的定义为实际器件的噪声输出功率与理想器件的噪声输出功率之比。与其等效的定义为电子设备（电路或器件）输入端的信噪比与其输出端的信噪比的比值。如果设输入端的信号电压和噪声电压分别为 S_i 和 N_i，输出端的信号电压和噪声电压分别为 S_o 和 N_o，则噪声系数可以表示为：

$$NF=（S_i/N_i）/（S_o/N_o）\qquad（式 7\text{-}1）$$

一般来讲，由于增加了内部噪声，输入端的信噪比必然大于输出端的信噪比，即两者的比值通常是大于 1 的。比值越大，表明设备所产生的内部噪声越大。从宏观看，用噪声系数的大小即能判断出一台电子设备噪声性能的好坏。

3.分贝

除信噪比与噪声系数两个噪声参数指标外，在电子通信工程领域中另一个常用的参数指标是分贝（dB）。它的定义是两功率之比再取对数。其单位为贝尔（B），但在应用上为了处理方便，取贝尔的 1/10 为辅助单位，称为分贝（dB）。

二、噪声抑制技术的基本思想

（一）消除或隔离噪声源

人为产生的噪声源，有很大一部分可以采取积极的办法予以消除。例如，继电器、接触器、断路器等所产生的触点火花噪声，一般可以采取触点灭弧和火花吸收措施予以抑制；对于因电路工作异常而产生的自激振荡等所带来的噪声干扰，一般可以通过对自激振荡的抑制而使噪声得到消除。

而人为产生的另一类噪声干扰，如对一些特定设备来讲是噪声而在另外一些场合却有用的信号（如无线电发射台、通信设备等），则是不能消除或者难以消除的。除此之外，工厂的大功率用电设备、自然界所产生的噪声干扰等一般要消除也是困难的。在这种场合下，只能采取消极的办法，即对可能被干扰的设备采取有效的防护和隔离措施。在电子系统的抗干扰技术中，这类消极和被动的抗干扰措施占有相当大的比重，我们经常使用的滤波、屏蔽、接地等抗干扰措施有很大一部分都是出于上述考虑的。

（二）切断及阻碍噪声的干扰通道

由于噪声源形成干扰所通过的耦合通道不同，因而噪声有不同的干扰方式，所以对其的抑制措施也应有所区别。切断及阻碍噪声的干扰通道是抑制噪声干扰的有效途径之一。

（三）降低接收电路对噪声干扰的敏感性

在电路中采取滤波措施可降低电路对某一特定频带噪声的敏感性；采用恒温电路或温度补偿电路可降低电路对温度干扰的敏感性；采用屏蔽线可降低电路对电场耦合噪声的敏感性；采取磁屏蔽措施可降低电路对磁场感应噪声的敏感性；等等。一个设计良好的电路（或电子设备）应具有对有用信号敏感、对噪声干扰信号不敏感的优良特性。

三、常见的通信干扰类型

在现代战争中，高效、可靠的通信手段是取得胜利的重要保证，虽然通信干扰不能直接对敌人的有生力量进行打击，但利用通信干扰可使敌方暂时失去通信能力，从而可为己方赢得时间。从这方面看，通信干扰具有极强的进攻性。

通信中无线电接收设备受到的干扰是多种多样的。按干扰产生的来源，干扰可以分为自然干扰和人为干扰。从通信对抗的角度出发，本节重点阐述人为干扰。

人为干扰在无线电通信对抗中按产生的方法分为积极（有源）干扰和消极（无源）干扰。有源干扰是利用发射机发射或转发某种电磁波，以扰乱或欺骗敌方的电子接收设备，使其不能正常工作的干扰；无源干扰是利用自身并不产生电磁辐射的干扰物，有意识地影响敌方发射的电磁波的传播，使其被反射、折射或吸收的干扰。无源干扰在通信干扰领域中已很少使用，下面重点介绍有源干扰。

从战术性质来分，无线电通信有源干扰可分为压制性干扰和欺骗性干扰。压制性干扰比欺骗性干扰在技术上更能反映干扰的特点。以下着重讨论压制性干扰，对欺骗性干扰做简单介绍。

（一）压制性干扰

1.按干扰信号的频谱宽度分类

（1）瞄准式干扰

瞄准式干扰是指干扰的载频（中心频率）与信号频率重合，或干扰信号和通信信号频谱宽度相同的干扰。

瞄准式干扰机是通信干扰机的基本类型之一，也是应用非常广泛的一种干扰机。对调频信号的干扰，必须对准其频率，因为实质上干扰效果的好坏先取决于干扰信号频率重合的准确度。因此，使干扰频率与信号频率准确重合就成为这种干扰系统有效工作的关键。

为了获得最佳的干扰效果，只要求在频率上准确还不够，还必须选择适合的干扰样式。这是因为通信有不同的样式，包括等幅报、音频调幅报、移频报等，与此相对应的最佳干扰样式也应分别为等幅报、音频调幅报和移频报的干扰。对于复杂信号，由于信号呈现不规则的起伏状态，因此一般应施放杂音干扰。总之，在具体实施干扰的过程中，技术人员应根据对方无线电通信的方式，采取相应的干扰样式。

瞄准式干扰的原理为：收信机用来接收敌方无线电通信信号，具有选择和放大的能力；重合设备用来"记忆"信号与干扰频率，并检查信号与干扰频率重合的准确程度；发射机用来产生足够功率的干扰信号；调制器用来产生不同样式的调制信号；控制器控制收发机交替工作。

瞄准式干扰机的工作过程如下：当收信机接收到敌方的信号后，便可确定其工作频率和信号样式，然后选择相应的最佳干扰样式，并使干扰的频率和天线的辐射方向对准敌台。

为了在给定的地点和给定的时间破坏敌方通信系统，设计和选择干扰机时要考虑两个基本问题：

第一，最佳的干扰波形和干扰策略是什么？

第二，对付这种通信系统的干扰的有效性如何？（系统对干扰的易损性如何？）

虽然获得这两个问题的精确答案通常比较困难，但这些问题必须回答。其答案与下列因素有关：发射功率电平、距离、频率、系统损耗/效率、天线方向图、噪声电子、调制方式、解调/检测方法、差错控编码、扩谱技术、数据格式、同步技术、系统失真、信道衰落和核效应、白干扰电平、干扰功率电平等。这些因素中有些与系统的设计有关，有些则与系统的应用条件有关。

为了有效地实施干扰，技术人员可把侦察、测向、干扰有机地结合在一起，形成综合通信对抗系统。该系统包括侦察子系统、指挥控制中心及干扰子系统等，整个系统在指挥中心的统一指挥下运行。侦察子系统完成对信号的搜索、截获、分选、识别和存储以及对目标网台的测向定位；指挥控制中心对侦察数据进行综合分析处理，确定目标的威胁等级、干扰功率和干扰参数等；干扰子系统实施干扰。在干扰过程中，侦察子系统可以随时监控干扰效果，并通过指挥控制中心对干扰子系统进行调整。

（2）半瞄准式干扰

半瞄准式干扰与瞄准式干扰相比，频率重合的准确度较差，干扰信号频谱与通信信号频谱没有完全重合。通常，干扰信号的频谱比被压制的敌方通信信号频谱宽一些。半瞄准式干扰的干扰频谱能量全部或绝大部分通过敌方接收机的频率选择回路，虽然与敌方信号的频谱不一定重合或频率重合度不高，但也能形成一定程度的干扰。

（3）阻塞式干扰

阻塞式干扰又称拦阻式干扰，其干扰辐射的频谱很宽，通常能覆盖敌方通信台的整个工作频段。阻塞式干扰又可分为连续阻塞式干扰和分段阻塞式干扰两种。连续阻塞式干扰在整个频段内发射干扰信号，同时压制该频段内的通信信号；分段阻塞式干扰的干扰频带呈梳形，落入这些频带内的通信信号受到干扰，干扰频带可以是固定的或移动的。

（4）扫频式干扰

扫频式干扰指干扰发射机的载频在较宽的频谱内按某种方式由低端到高端或由高端到低端连续变化所形成的干扰。扫频式干扰通过提前预置的方式对干扰信道进行存储，并在一定的频段范围内反复扫描，当被预置信道的信号出现时，便可自动干扰。这种干扰具有干扰反应时间短且管理方式自动化等特点。

2.按干扰信号的调制方法分类

（1）键控干扰

键控干扰信号是未经任何调制的单一频率的信号，通常使用手动或自动键控发射出去，其键控速度要与被干扰信号的键控速度基本相同。键控干扰主要用于干扰幅度键控和移频键控的无线电报的通信系统。扫频式干扰键控通信不仅可以利用接收机的选择性来抑制干扰，还可利用人耳的分辨力来提高抗干扰能力。幅度键控干扰除应有足够的功率和相似的键控速度外，还要求干扰频率与信号频率能准确重合，其误差应小于 10 Hz。移频键控通信在空号和传号时是在不同频率上发射信号的，因此必须对两个频率都进行干扰。

（2）音频杂音调制干扰

音频杂音调制干扰是应用某种信号（音频、杂音）调制干扰发射机载波所形成的干扰，有调幅干扰、调频干扰和调相干扰。其主要用来压制各种相应调制方式的无线电通信，特别适用于干扰无线电话和传真电报等。

（3）脉冲干扰

脉冲干扰是一种非调制或已调制的高频脉冲串。对脉冲进行幅度、重复频率、脉冲宽度或其中几个参数的调制可提高其干扰效果。当脉冲的重复周期为被干扰的雷达脉冲重复周期的整数倍时，此干扰称为同步脉冲干扰；当不成整数倍关系时，此干扰称为异步脉冲干扰。杂乱脉冲干扰的脉冲重复周期是随机变化的，故其称为不规则脉冲干扰。脉冲干扰作用时间短促，脉冲功率大，通常用于干扰数字通信。

（4）噪声干扰

噪声干扰是一种幅度、频率、相位无规则变化的电磁波信号，因此又称为杂波干扰或起伏干扰。噪声干扰包括纯噪声干扰和各种噪声调制干扰，它们对各种工作方式下的通信系统都会产生明显的干扰效果，所以是一种重要的干扰方式。

（5）综合干扰

综合干扰是利用两种以上的调制或键控方法形成的干扰。

3.按辐射方向分类

（1）强方向性干扰

干扰辐射方向小于 60°，干扰功率集中。

（2）弱方向性干扰

干扰辐射方向为 60°～180°，干扰功率较分散。

（3）无方向性干扰

对各个方向都有干扰辐射的作用。

4.按频率或波段分类

（1）超长波、长波、中波通信干扰

干扰信号的频率低于 3 MHz。

（2）短波通信干扰

干扰频率为 3～30 MHz。小、大型的短波无线电台的功率通常在几百瓦至几千瓦（民用广播电台功率更大），而每个电台所占用的频带仅为几千赫兹。因此，如果要对整个短波波段的无线电通信施放阻塞式干扰，为满足一定干扰条件、达到一定干扰目的，必须拥有输出功率相当大的干扰机，这不但在制作上有困难，而且在使用上不切合实际。同时，因短波波段的频率较低，天线方向性不可能做得很强，若使用大功率短波阻塞式干扰机，势必会在干扰敌人的同时严重干扰自己的无线电通信，甚至在未干扰敌人之前就先干扰了自己。所以，对短波的无线电通信一般只采用瞄准式干扰，以便有效地利用其干扰功率。

（3）超短波通信干扰

干扰频率为 30～300 MHz。由于频率较高，电台功率较小，通信距离较近（常用于战术地域内的通信），而且天线方向性较强，因此大多采用阻塞式干扰。当然，对于重点方向的超短波通信网，也可以采用瞄准式干扰。由于阻塞式干扰所需要的干扰功率较大，因此在实际运用中应尽量靠近所要干扰的敌方超短波通信网。

（4）微波通信干扰

干扰频率为 300 MHz～3 GHz 的通信干扰。

（二）欺骗性干扰

欺骗性干扰的目的是使敌方根据其通信接收系统收到的信息做出错误的判断。欺骗性干扰通常作为军事欺骗行动的一部分实施，极少单独使用。欺骗性干扰分为无线电通信冒充和无线电通信干扰伪装。

1.无线电通信冒充

所谓无线电通信冒充，就是在对敌方无线电通信进行不间断的侦察，掌握了敌人通信联络特点和部分通信资料的基础上，运用类似敌方通信电台的语音信号、手法特点，使用敌台通信联络的规定，冒充敌方无线电通信网的某一电台，与敌方进行联络和通信，从而截取作战命令、指示或情况报告等重要信息，使其行动企图暴露，或者借机向敌方传递各种欺骗性信息，造成其判断和行动的错误。

2.无线电通信干扰伪装

无线电通信干扰伪装是通过改变己方电磁波形象实施的，旨在改变己方电磁发射情况，以对付敌方通信侦察活动。其实现方法是改变技术特征和变更可能暴露己方真实意图的电磁形象，或故意发射虚假信息。无线电通信干扰伪装通过采取示假隐真的方式达到欺骗的目的，使敌方无法辨别通信侦察获取的情报的真假。

第二节 通信抗干扰理论与技术

一、抗衰落通信理论

根据抗衰落通信理论，设法使多径信号在接收点互相独立（互不相关），就可以实现几乎无衰落的接收。当信息比特变换成高斯白噪声序列进行传输时，接收信号的平均功率没有产生干涉现象，而且噪声几乎恒定不变，可以实现理想的抗多径干扰。其本质是高斯白噪声在多径传输时不会发生干涉衰落。抗衰落通信中总是用类高斯白噪声的 PN（pseudo-noise，伪噪声）序列来代替高斯白噪声信号。

在抗衰落通信中，射束分集是一个重要的途径，信号设计的基本要求是能分离射束。这些射束的幅度和相位都不相同，只有有效地加以分离，并测出它们的幅度和相位值，才能有效地调整它们的相位，达到代数相加的目的。分集通常指的是各射束信号的分离与合并。射束分集称为隐分集技术，它既不需要多副天线，又不需要多部接收机和多个馈源，而只靠信号本身具有的类似高斯白噪声相关特性的 PN 编码信号就可达到上述目的。理论和实践证明，无论在电离层信道、对流层信道，还是移动通信信道，利用 PN 编码信号实现的射束分集都显示了良好的效果，提供了良好的抗衰落通信性能。

二、UWB 和 UNB 通信

（一）UWB

UWB（ultra-wideband，超宽带）脉冲无线传输技术是最近几年国际上正在蓬勃兴起的一种无线通信传输技术。它和传统的基于连续正弦波调制的技术有根本的区别。在超宽带无线通信中，信息通过调制窄脉冲的位置、极性、相位或幅度等参数进行传输。使用的信息载体——窄脉冲的宽度仅有 0.1 到几纳秒，甚至更窄；总带宽超过 500 MHz，通常为几吉赫兹，甚至更宽。UWB 信号的传输能量弥散在极宽的频带范围内，低于很多现有通信系统的噪声门限，因此具有很多优异的特性。

总体来看，UWB 系统主要包括发射部分、无线信道和接收部分。与传统的无线发射和接收机结构比较来看，UWB 系统的发射部分和接收部分结构较简单。对于脉冲发生器而言，其达到发射要求仅需产生 100 mV 左右的电压即可。接收端需要经过低噪声放大器、匹配滤波器和相关接收机来处理收集的信号。

据国外报道，UWB 试验产品的抗干扰处理增益可达 54 dB，甚至更高，所以 UWB 现已被广泛应用于军事和民用的多个领域。UWB 通信的实现方案有单载波方式和多载波方式。多载波方式很有发展潜力，频谱利用率高，方案灵活。

目前，实现 UWB 通信的方案有多种，其中多载波方案和 UWB-THSS（ultra-wideband time-hopping spread-spectrum，宽带跳时扩谱系统）方案更被人们看好。多载波方案是在单脉冲 UWB 技术的基础上提出的。它把单脉冲信号占据的频谱分为若干子频带，其信号是等宽度的脉冲信号，包络是高斯型的。不同的脉冲信号在一个脉冲宽度内有不同的周期数，对应不同的中心频率。此方案可以灵活地实现时频交织技术，达到时频分集的效果。UWB-THSS 方案充分发挥了跳码扩谱体制的优势和潜力，用极窄的冲激脉冲代替了较宽的 PN 码片，所以频谱被扩展得相当宽，平均功率很低，从而使超宽带跳时扩谱系统具有良好的隐蔽性，极低的检测、截获概率，较高的处理增益和极强的抗干扰能力。

（二）UNB

UNB（ultra narrow band，超窄带）极高的频带利用率［超过 11 bit/（s·Hz^{-1}）］能保证所占用的通信带宽极窄，同时能提供高速率传输的通信新体制，为抗干扰通信提供更加丰富的空间。在美国，UNB 被称为"可以获得诺贝尔奖的技术"，它对传统通信理论、观念和应用产生了巨大的冲击。尽管学者还有各种疑虑，认为 UNB 理论似乎已突破了香农的信道容量公式所涵盖的内容，但是美国仍把 UNB 和 UWB 并列为研究的重点。因为 UNB 技术在抗干扰通信、信息隐藏（伪装和示假）、纠错能力、最低限度通信（水下通信、短波通信等带宽受限的场合）等方面有着广阔的应用前景。

UNB 有一种传统的实现方法，即设法使表示逻辑"0""1"的载波波形不同。理论上，每个载波周期可以传输 1 bit，换句话说，信号的传输码率在数值上可等于通信的载频，而实现超窄带的关键是尽量缩减已调载波的带宽。以此为出发点，美国科学家从早期的可变相移键控发展出以甚小移键控为典型代表的 UNB 传输方式，展示了用 25 KHz 带宽传输标准的 T1 码率的惊人效果，其频带利用率高达 60 bit/（s·Hz^{-1}）。"类正弦"甚小移键控概念的 UWB 信号的特点是保持 RF（radio frequency，射频）中心频率不变，而波形（幅度、相位、形状或对称性等）略微抖动，其频谱能量高度集中在载频的频谱线上，但载频两旁会出现与随机抖动相对应的连续谱，载频的谐波处也会出现离散的频谱线。由于波形的抖动幅度很小，因此连续谱和谐波离散谱的能量要远远低于载频的能量。

三、电离层变态效应通信

电离层人工电波加热可改变其介质特性，可利用电离层的变态效应实现抗干扰、抗侦听通信。

在地面上发射大功率无线电波可使电离层等离子体发生人工变态，也可以说是大功率无线电波加热电离层，使用的频率从 VLF（very low frequency，甚低频）到 UHF（ultrahigh frequency，特高频）都有，电离层各个层区的等离子体均可发生人工变态。电离层等离子体发生人工变态时，电离层会具有不均匀性，不均匀性的尺度范围为从等离子体湍流的厘米量级到受加热区域和等离子体扩散性所限制的数百千米。对 HF（high frequency，高频）～UHF 波段的无线电信号而言，这提供了一个大的雷达截面：对于 HF，为 10^9 m^2；对于 VHF，为 10^8 m^2；对于 UHF，为 10^4 m^2。天空中有如此大的反射器，完全可实现高质量的远距离通信（地面站间通信可达数千千米）。加热电离层沿场散射和等离子体散射均能用于 HF/UHF/VHF 波段通信。利用这种散射体通信的特点是：功率小；天线简单；由于加热时间的随机性（对敌方而言）和有限接收区，通信抗干扰性、抗侦听能力增强；接收装置对方向性更敏感；定向传输能力更强。对于大深度远航潜艇通信，除了电离层天线的激发与辐射效率，还必须考虑波导传播与入水传播的衰减问题，即调制波的频率问题。对于远距离深水通信，频率选择为100 Hz较佳，因为100 Hz电波在地面-电离层波导中的传播衰减率为1～2 dB/1 000 km，在海水中仅为0.3～0.4 dB/m。即使这样，对3 000 km以外、在海洋100 m深度以下的潜艇进行通信时，空中波导和水中传播的总衰减也将达到40 dB。要达到每米几微伏的可观电平，其难度还是相当大的。

第三节 扩展频谱通信技术

扩展频谱通信技术是一种非常重要的抗干扰通信技术，其信号所占有的频带宽度远大于所传信息必需的最小带宽。频带的扩展是通过一个独立的码序列（一般是伪随机码）来完成，用编码及调制的方法来实现的，与所传信息数据无关。接收端则用同样的码进行相关同步接收、解扩，以恢复所传信息数据。目前，扩展频谱通信技术已经被广泛运用在军事和民用通信系统中。

一、扩展频谱通信的发展

虽然扩谱技术的理论提出得很早，但是扩谱概念真正形成并在通信中的应用较晚。1935年，德律风根公司的工程师申请了一个德国专利。其专利中发射机用一个由旋转产生器产生的等带宽噪声对话音进行"伪装"，接收机利用一个相同的旋转产生器产生相同的噪声，当正确同步后，系统就可以去除噪声对话音信号的影响。该专利虽然应用在模拟话音加密中，但具有扩谱系统的一些基本要素，因此被认为是一个有关直接序列扩谱专利的早期结构形式。

1942 年 8 月 11 日，好莱坞的女影星海蒂·拉玛（Hedy Lamarr）和钢琴演奏家乔治·安太尔（George Antheil）获得了编号为 2292387 的美国专利，两人的发明在当时并未引起人们的重视，也没有被美国海军采用。直到 1963 年，美国海军在纽约州立大学布法罗分校数字化精确谱实验室应用系统中才采用跳频体制来抗人为干扰，该系统的第一个实验性系统是基于发送参考信号的，即伪随机的扩谱相关信号由发射机直接发送出来，接收端单独对参考信号进行接收并对携带信息的通信信号进行相关处理。1952 年的现场测试证明，基于存储参考信号的系统抗干扰性能更好，因而基于发送参考信号的系统设计最终被放弃。基于存储参考信号的系统中参考信号由接收机产生，系统通过同步控制使接收机产生的参考信号与接收到的扩展频谱通信信号保持同步。

20 世纪 80 年代中期，美国军方将扩谱技术解密，扩谱技术在商业系统中的应用研究正式开始。1982 年，美国在第一次军事通信会议上公开展示了扩谱技术在军事通信中的主导作用和在军事通信领域的应用。1985 年 5 月，FCC（Federal Communications Commission，美国联邦通信委员会）制定了民用公共安全、工业、科学与医疗和业余无线电采用扩展频谱通信的标准和规范。1993 年，美国高通公司提出的码分多址数字蜂窝通信系统建议和标准被采用。1996 年，CDMA 系统投入运营，但当时仍然有很多人对 DS-CDMA（direct sequence code-division multiple access，直接序列码分多址）技术持保留态度。到 2000 年，被 ITU（International Telecommunication Union，国际电信联盟）接纳的第三代移动通信三大主流标准——W-CDMA、CDMA2000、TD-SCDMA 无一例外地采用了直扩 CDMA 技术，这也标志着扩展频谱通信技术已经成为一种成熟的通信技术而被商用化。目前，关于扩展频谱通信技术的研究仍然在进行，与新兴技术结合，提高扩展频谱通信的传输效率和可靠性成为扩谱技术研究的新热点。

二、扩展频谱通信中的伪随机序列

扩展频谱信号的带宽是由特定的扩频函数决定的，而伪随机序列正是扩展频谱信号的扩频函数，因此伪随机序列在扩展频谱通信中起着非常重要的作用。直扩系统用伪随机序列将传输信息带宽扩展，在接收时又用它将信号频谱压缩，并使干扰信号频谱扩展，降低了干扰信号的功率谱密度，提高了系统的抗干扰能力。跳频系统用伪随机序列控制频率合成器产生随机跳变的频率，躲避干扰。由此可见，伪随机序列性能的好坏直接关系着整个系统性能的优劣。

（一）伪随机序列的定义及分类

由"伪噪声序列"的名称可以看出，伪随机序列是一种具有类似噪声特性的序列，即伪随机序列就是一种尽量接近噪声特性的序列。

高斯白噪声本身是一种模拟信号。至今人们无法实现对白噪声的放大、调制、检测、同步及控制等，而只能用具有类似带限白噪声统计特性的伪随机码来逼近它，并作为扩频系统的扩频码。目前，常用的伪随机序列都是二元伪随机序列，序列中的元素只有"0"或"1"，因而不可能从信号的幅度分布上逼近白噪声，而主要从码元的分布、相关特性等方面逼近白噪声。

目前，人们一般将满足以下三个随机性条件的序列称为伪随机序列。

第一，平衡特性。序列中"0"和"1"出现的概率相同，也就是说序列中"0"和"1"的数目相同或基本相同。

第二，游程特性。在每个码字周期内，长度为 n 的游程数比长度为（$n+1$）的游程数多一倍。

第三，相关特性。码的自相关函数具有接近 δ 函数的形式，即具有尖锐的自相关特性。

在实际应用中，伪随机序列根据不同的产生条件分为很多种，一般分为狭义伪随机序列和广义伪随机序列。

形式的序列,称为狭义伪随机序列。显然,狭义伪随机序列对序列的相关特性要求较高,因而满足要求的序列数量较少。在实际应用当中,对相关性要求不一定如此苛刻,因此产生了广义伪随机序列。广义伪随机序列又分为第一类广义伪随机序列和第二类广义伪随机序列。凡自相关函数具有形式的序列,称为第一类广义伪随机序列。广义伪随机序列是应用研究的一类重要伪随机码,由于它对码的要求降低,因而大大拓宽了研究范围,码量较大时容易找到符合条件的伪码。

(二)扩展频谱通信对伪随机序列的要求

从抗干扰、抗截获、易于同步的角度出发,扩展频谱通信对伪随机序列的要求主要体现在以下几个方面:

①具有尖锐的自相关函数,互相关函数应接近 0。扩展频谱通信对伪随机序列相关特性的要求主要是为了满足通信信号的同步以及实现多址通信的需要。尖锐的自相关特性可以减小接收机同步时的误捕概率,互相关函数接近 0 则可以使不同用户之间的干扰尽可能地小。

②有足够长的码周期和复杂度,以确保抗侦察、抗干扰的要求。扩展频谱通信的一个主要优点就是抗侦察、抗截获特性,但是该特性主要依赖扩展频谱通信所采用的伪随机序列,伪随机序列越长,序列的复杂度越大,则扩谱信号的抗侦察、抗截获性能越好。

③满足要求的序列数足够多,以实现码分多址的要求。扩展频谱通信中的码分多址即每个用户的扩谱调制采用不同的伪随机序列,可供选用的序列数越多,可容纳的用户数就有可能越多。如果可用序列太少,则可容纳的用户数量就会受到序列数目的限制,从而限制系统的用户容量。

④工程上易于产生、加工、复制和控制。

三、扩展频谱系统的同步

（一）进行同步的原因

进行同步的原因主要有以下几方面：

1.收、发信机之间的频率偏移

由于扩谱发信机与收信机采用的是各自的频率源，而不同频率源产生的信号频率和相位是有差别的。当然，系统指标中要规定收信机和发信机频率源的精确度和稳定度，但是这种差别仍然是不可避免的。例如，假设有一直扩系统的伪随机序列的速率为 2.048 MHz，若规定收信机和发信机的频率稳定度优于 1×10^{-5}，则收信机和发信机产生的伪随机序列速率的最大差值将达到 4 Hz。

2.电波传播的时延

电波经过信道传播后都会产生时延，而且一般这一时延是不断变化的。为了使收信机产生的本地参考信号在相位（包括载波相位、伪随机序列相位等）上与接收信号保持一致，必须采用相应的时延估计和跟踪环路。

3.多普勒频移

很多人有过这样的感受：当站在铁路线上观察驶近的列车时，列车鸣笛的声音尖厉而急促，远去的列车发出的鸣笛声却相对低沉，这就是声音在传播过程中的多普勒效应。电磁波在传播过程中同样存在多普勒效应：当收信机和发信机之间有相对速度或传输信道是时变信道时，接收到的信号在频率上就会发生变化。频率变化的幅度与信号本身的频率、收信机和发信机的相对速度、信道变化的速率等因素有关。

4.多径传播等其他因素

通信信号经过多径信道（典型的有短波信道、城市移动通信信道等）和散射信道传输后，由于多径信号或群反射、散射信号之间的相互影响，信号将发生频率弥散和相位变化。对于数字通信系统，其同步包括载波同步、位同步、群同步（或帧同步）等。

载波同步主要解决接收端相关检测时的载波频率和相位跟踪的问题。位同步是对数字符号的同步和对码元的起止时刻进行的跟踪。数据通信一般是通过由一定数目的码元和一个用于识别和同步的"帧头"组成的一个帧来进行传输的。群同步的任务就是给出每个帧的起始和结束时刻。扩展频谱通信除了上述的同步内容，还需要对扩谱码序列进行同步，其任务就是给出扩谱码序列的起始和结束时刻，这是实现扩展频谱通信解扩的前提条件。当然，实际应用中往往将扩展频谱通信的扩谱码序列同步与载波同步、位同步等结合起来。

（二）直扩系统的同步

直扩系统中为了解扩并正常接收直扩信号，要先使接收机产生的本地伪随机序列与收到的伪随机序列严格同步，这种同步包括伪随机序列的码时钟同步和伪随机序列的相位同步。伪随机序列的同步分两个步骤：一是对信号的同步捕获；二是对信号的跟踪。

捕获又称为初始同步或粗同步，其任务是完成对伪随机序列的粗同步，对伪随机序列的相位同步精度一般小于一个或半个伪码码片时长。

跟踪也称为细同步或精同步，是在 PN 码捕获完成之后进一步调整本地时钟的过程，目的是使同步误差尽可能减小，至少保持在一个子码范围之内，同时保持本地 PN 码与接收信号 PN 码的相对相位关系，使同步状态持续下去。跟踪的基本方法是利用锁相环路来调整本地时钟的相位。

1.延迟锁相环

延迟锁相环又叫早—迟码跟踪环。输入的中频信号分别送到两个支路的相乘器，与本地产生的两个 PN 码分别相乘，这两个 PN 码的相位差一个 PN 码码片（或切普）周期。相乘之后的信号要经过中频窄带滤波器滤波，窄带滤波器的带宽对应解扩后的窄带信号带宽。滤波后的信号经过包络检波，其误差信号经过环路滤波器后控制 PN 码产生器的时钟振荡器，使其产生的时钟与接收信号中的 PN 码时钟保持同步。

2.τ 抖动环

上面介绍的延迟锁相环需要两个相关环路，以达到对 PN 码鉴相的目的，而 τ 抖动环只需要一个相关支路就可以完成对 PN 码的鉴相。

τ 抖动环又称为抖动锁相环或调制锁相环。其用一个抖动信号控制本地 PN 码的相位周期性的超前/滞后，使本地 PN 码与接收信号 PN 码的相对相位做前后抖动，通过抖动信号与相关支路输出信号的配合，达到对本地 PN 码与接收信号 PN 码鉴相的目的。

（三）跳频系统的同步

跳频通信也需要用到一般数字通信的各种同步，如载波同步（相干解调）、位同步和帧同步等。这里所说的跳频同步主要指在频率转换的任一时刻，通信双方的信号均能准确地跳到预定的频率，这是跳频系统进行正常工作的前提。跳频系统的同步一般包括载波同步和跳频图案同步。因为跳频系统基本采用非相干检测的方法，其同步要求与一般定频系统基本相同，所以一般的频率合成器就能够满足要求。跳频图案同步在跳频系统中是至关重要的，本部分将主要讨论跳频图案同步，下面在不做特别说明的情况下，跳频同步均指跳频图案同步。

跳频同步也可以分为两步：捕获和跟踪。捕获是使接收机本地跳频图案与接收信号跳频图案的时间差小于一个跳频时间间隔；跟踪则是继续调整本地跳频图案，使之与接收信号跳频图案的时间差尽量小，以保证跳频通信正常进行。

对跳频同步的要求是同步建立快，精度高，抗干扰性能好，可靠性高而且实现容易。其中，同步的捕获十分关键。跳频通信的同步技术大体可以分为两大类：外同步法和自同步法。

1.外同步法

外同步法指接收机不从传输信息的通信信号中恢复同步信息，而是将接收到的或其他参考信号作为同步信号。外同步法的主要优点是容易实现，同步速度快，同步概率高，符合战术通信的要求。外同步法主要有以下两种：

（1）精确时钟定时法

精确时钟定时法依靠高精度的时钟实时地控制收发双方的跳频图案，由于收发双方采用相同的跳频图案，因此同步解决的是接收端对接收到的信号跳频图案起始、终止时刻的确定问题。显然，只要各跳频电台的时钟与跳频图案相同，则任一时刻的频率跳变都是确知的，因而不难实现快速、准确和可靠的跳频同步。

但是，这种方法实现的必要条件是提供准确的时钟信息。提供绝对准确的时钟信息通常是难以做到的，一般时钟虽然随着时间的增加会产生滑动并形成误差积累，但只要在一次校正之后，就能在足够的时间内保持误差不超出允许的范围。但在有些场合，这种办法是不可行的。例如，假若跳频速率为500跳/秒（跳频时间间隔为 2 ms），允许的时间误差是不超过跳频时间间隔的 1/10（时钟差小于 0.2 ms），一次时钟校正后要求通信保持时间为 1 d，由此可求出时钟精度优于 $0.2 \times 9^{-3}/（24 \times 60 \times 60）\approx 2.31 \times 9^{-9}$。显然，对于一般移动电台和便携电台来说，这样高的时钟精度是不容易保证的。

假如通信系统有公共的精确时钟作为参考，在收发双方时钟误差超过同步要求前对收发双方的时钟统一进行调整，则可以继续保持收发双方的同步。显然，实际中可以用 GPS 等全球精确授时系统实现这一功能。精确时钟定时法的突出优点是同步速度快和准确度高，它适用于通信设备相对固定且对设备的体积、重量和价格没有严格限制的场合，是战术通信中常用的一种同步方法。

（2）同步字头法

同步字头法即在传输信息的过程中，周期性地插入同步字头。接收机可以根据同步字头的特点，从接收到的跳频信号中将同步字头识别出来，作为调整本地时钟和跳频图案的信号，从而完成跳频同步。接收机在接收同步字头时，可以采用守候的方式，即接收机在某一固定频率点上等待同步字头的到来，也可以采用对同步字头频率进行扫描搜索的方式。

这种同步方法具有同步速度快、容易实现等特点，因此被很多跳频系统所采用。但是，一旦传送同步字头的频率受到强干扰，即使其他频率上没有干扰，系统也无法正常工作，因此这种同步方式应设法提高同步字头的抗干扰能力与隐蔽性能。通常采用如下方法：

第一，采用自相关特性好的序列作为同步码字，并对其进行前向纠错编码。

第二，同步字头可以用密钥来控制，在跳频通信的任一频道上传输。

同步字头法的另一个缺点是需要额外的频谱资源来传送同步信号。

许多跳频系统是将上述两种方法结合起来使用的，这样就能进一步提高跳频同步的性能。

2.自同步法

相对外同步法而言，自同步法指接收机从跳频通信信号中提取同步信息，不需要额外的同步参考信号。自同步法有较强的抗干扰能力，组网灵活，但是其同步时间一般较长，因而适合应用在那些对同步时间要求不高的系统中。自同步法主要有以下两种：

（1）串行搜索法

串行搜索法和直接序列扩频系统的滑动相关法相似，通常从跳频信号中直接获得同步信息。接收机用本地频率合成器产生的信号与输入信号进行相关检测和滤波，将获得的输出电压加到比较器上，与预先给出的门限值进行比较。如果此输出电压未超过门限值，则调整本地产生的伪码相位；如果此输出电压超过了门限值，而且累计次数达到了规定次数，则表示捕获成功。系统自动停止对本地伪码的相位调整，并进入跟踪状态，以进一步提高同步精度。这种方法原理简单，但完成捕获所需的时间可能较长，在跳频速率较快和跳频图案不长的条件下，具有一定的实用价值。

（2）并行搜索法

并行搜索法又称为匹配滤波器法，是以匹配滤波器为基础构成跳频信号捕获电路的方法，是一种能提高捕获速度并能提供抗干扰能力的有效办法。它既可以用于对跳频图案的捕获，又可以用于对前置码的捕获。当接收信号跳频图案中的最后一个频率进入接收机时，经过加法器后的输出最大，超过接收门限，则同步指示信号指示接收信号跳频图案最后一个频率出现的时刻，根据该信号调整本地跳频频率合成器的工作状态，即可完成跳频同步。可以看出，在这种电路中，当部分频道中含有干扰时，比较器也不会产生假同步的指示。当然，如果所有频道都遭受干扰，则同步捕获也会受到妨碍。

用匹配滤波器法进行同步虽然有捕获快和抗干扰性能好等优点，但是当跳频图案很长且频率点又很多时，其电路结构也是十分复杂的。

跳频电台所用的同步方法有很多种，为提高同步速度和可靠性而采取的措施也是多种多样的，这里提到的只是几种基本方法。

第四节　抗干扰系统的设计与实现

无线传输极易受到各种其他无线电波的干扰。不管是 GSM（global system for mobile communications，全球移动通信系统）还是 CDMA 系统，都是干扰受限系统，而干扰的大量存在会极大地影响网络的通信质量和系统的容量。

一、电子系统抗干扰设计

（一）电子系统的硬件实现

1.元件选择

在理论设计中，对于绝大部分电路元件，包括各种模块电路和主要的电路元件，若电阻、电容和电感的数值均已确定，它们的规格可能仍需确定。另外，构成一个系统的滤波电容、旁路电容、电位器、接插件、开关、键盘、数码管等也需要确定。这一方面是系统所需，另一方面是因为在使用印刷电路板设计软件时，必须事先建好待用的元器件库。

（1）电阻

常用的电阻有贴片电阻、碳膜电阻、金属膜电阻和线绕电阻等。用得比较多的是贴片电阻、碳膜电阻，它们的分布参数较小，正确选择瓦数即可使用。金属膜电阻主要用于大功率、高精度及低额电路中，线绕电阻多用于大功率低额电路中。电阻应根据频率特性、功率、调节精度以及体积来选用。

（2）电容

常用的电容有电解电容、陶瓷电容等。电解电容多用于旁路电容、储能电容，容量为几微法拉至几百微法拉。陶瓷电容多用于振荡电路、滤波电路，容量多为几十皮法拉至几百皮法拉。

（3）通用元件

常用的通用元件有接插件、开关、键盘、数码管等。通用元件在选用时应与系统相适应。

2.系统布局

（1）整机结构

对于比较大的电子系统而言，整机结构可能不是1～2块印刷电路板就可以实现的，必须按照功能将系统划分成若干子系统，并用多块印刷电路板来实现。这就要求有机架、面板等结构。例如，一个自动控制系统包括微弱信号传感及放大子系统、控制子系统、单片机子系统、大功率驱动子系统与执行机构（如电动机）、电源等。显然，这里应该将它们分成3～4块印刷电路板，因而必须考虑整机连线问题。对于一个比较小的电子系统而言，可能1～2块印刷电路板就可以实现。此时主要应考虑印刷电路板的分配问题，如将微弱信号电路、高频信号电路与数字电路、控制电路及电源分开。整机结构应考虑机械安装尺寸、走线、屏蔽、抗干扰等。印刷电路板分配的原则应该是：性质相同的电路安排在一块板上；模拟电路或小信号电路安排在一块板上；大功率电路、高压电路、发射电路等单独配置，甚至安排必要的屏蔽盒、绝缘盒、散热装置以及保护装置。

（2）面板安排

在原理图设计时已经初步考虑过面板的安排，在实际硬件实现时应考虑面板上各个零件的规格、尺寸、安装等问题。其中，最重要的是各个零件的电气性质，如耐压（流）、抗干扰、屏蔽、阻抗匹配、分布参数对电路的影响、与主机的连接方式、走线等。

（3）连接方法

要使系统的各个部分组成一个完整的系统，就需要将各个独立部件（印刷电路板、面板上的部件等）连接起来，正确选择连接方法、连接线等是十分重要的问题。选择连接方法及连接线应考虑信号延迟、交互干扰、导线内阻（直流内阻与交流内阻）、屏蔽、阻抗匹配、接触电阻、检修方便等各方面的因素。例如，强信号线主要应考虑干扰、耐压（流）、匹配、接触电阻等问题，电源线及地线主要应考虑直流电阻问题，重要的时序信号线应考虑延迟问题。

3.印刷电路板的设计

器件之间的相互干扰主要分为传导耦合和空间耦合两大类。对于传导耦合，通常采用电源滤波、降低线路阻抗、分别供电等方法消除其产生的条件，总之应在电源、电源线、地线以及供电回路上下功夫。对于空间耦合，通常应屏蔽干扰源，加大印刷电路板上线条的间隔，使用匹配技术、电缆屏蔽以及恰当的硬件布局，使易受干扰的灵敏元件远离干扰源，恰当地选择线条形状，采取必要的隔离措施，以降低空间耦合的程度。

（1）印刷电路板的布局

印刷电路板的功能是在它上面装上电路所需的元器件，按照要求将它们连成一个可以正常工作的系统，因此设计印刷电路板的第一步就是确定印刷电路板的布局——确定印刷电路板上元器件的位置。元器件位置安排的原则如下：同一单元电路的元器件尽量放在一起，以缩短连线长度；不同性质的电路放在不同区域，以减少相互间的干扰；便于与外部电路连接；适当安排必要的跳线插孔，以利于调试。

顺利进行布局的条件是建立所有要使用的元器件库。布局的第一步是用手工方式将元器件库中实现本电路的关键元器件，如核心模块电路、大型元器件（如变压器、风扇、散热器）以及可能的屏蔽装置等，按照电路功能放在印刷电路板的不同区域。在划分电路的区域时，应考虑各电路中的元器件的数量、尺寸以及必需的连线通道，从而初步划出一个个电路的"领地"。第二步是将必需的接口电路、插头座、键盘、指示器等大型元器件放置在印刷电路板四周，并使其与相关电路相邻。第三步是将电路图中所有元器件摆放在它们的预留"领地"中，特别应注意将旁路电容、滤波电容放在有关器件的附近，以减少分布参数的影响。

同时，应注意在必要的地方，如多级放大器级间，留有跳线插孔，以备调试之用。布局时应反复使用屏幕放大功能，以便细致地看清细节，若有的元器件间预留的间隔太小，则可能为下一步布线带来麻烦。第一次布局结束后，应从整体上检查全板的安排是否合理、美观。经反复调整后，即可获得印刷电路板布局的文件，为下一步布线做好准备。布局是布线的基础，也是质量的保证。

（2）印刷电路板的布线

①电源布线

一个印刷电路板上可能有几组电源，分别供给不同电路使用，所以必须在距每个电源最近的地方给它们分别配置旁路电容与去耦电容。对于中、低速电路而言,所有电源可共用同一地线;对于高速电路而言,每个电源应有自己的地线。在条件允许的情况下,地线的线条应尽量宽,宽度最低不得小于1.5 mm,以减少地线中的噪声耦合。

②接地技术

第一,分区域接地技术。在布局中已经对高频振荡电路、微弱信号处理电路等模拟电路进行了特别照顾,将它们放在印刷电路板的某个角落,因此这些模拟电路可共用一块接地板,称为模拟地,而数字电路、控制电路等大信号电路则集中在另一块接地板上,称数字地。

对于高速电路而言,这两块接地板只能在一点相连,以防止模拟电路遭受大信号的干扰。这个公共地点可以与机壳、机架的"领地"相连。

对于中、低速电路,则不做严格要求。如果印刷电路板上装有屏蔽盒(内装高频信号源等),则内部电路与屏蔽盒共用一个局部接地板,并通过穿心孔与主地板相连。

第二,单元电路接地方式。单元电路接地方式有单点接地、多点接地,以及串联接地、并联接地等方式。其中,单点并联接地方式可以防止地线中的噪声干扰,防止寄生振荡的产生。多点并联接地方式特别适用于有较好接地板的电路中,它可以缩短各单元电路的接地引线,使相互耦合及产生寄生振荡的可能性降到最小。

③布线规则

布线是印刷电路板设计中最为细致也最为烦琐的工作。它将决定系统能否正常可靠地工作,特别是高速、高频电路中的空间耦合问题十分严重,必须在布线中予以极大的关注。

印刷电路板布线中重要的措施之一就是减少交扰。根据产生交扰的原理,可以轻松得出减少交扰的措施:加大线条之间的间隔;隔离受干扰的线条;调整布局,减少平行走线,注意线条结构,防止不规则形状变化;从电路设计上着手,如降低驱动电平。

④设计结果的检查

设计人员需对初步设计好的印刷电路板进行检查。检查应主要集中在以下几个方面：

第一，元器件安装位置是否合适，有无可能造成短路。

第二，电源线、地线的布线是否符合要求，线条宽度是否满足要求，能否进一步改进。

第三，模拟地与数字地处理是否恰当，屏蔽盒、散热装置接地是否合理。

第四，对关键信号是否采取了隔离、保护措施。

第五，各线条间的距离是否合理，对一些不理想的线条是否需要进行必要的修改，如形状、宽窄等。

第六，是否留有必要的跳线插孔。

4.硬件基本功能检测

硬件基本功能检测的目的是为系统提供一个正常工作的硬件环境，为动态联试做好准备。

（1）检查印刷电路板的装配

印刷电路板加工完毕后，在进行电路装配前应对印刷电路板及待用元器件进行检查。

首先，应检查印刷电路板是否合乎要求，有无短路、断路现象，穿心孔是否导通。其次，应检查元器件数值及规格是否正确，性能是否完好。在焊接前应做好元器件的清洁工作、镀锡（如有必要）等。焊接时应注意防止过热而损坏元器件及印刷电路板（触点氧化、热击穿、印刷电路板线条脱落等），注意做好有正负方向要求的元器件的焊接，如电解电容器等。焊接时注意元器件排列整齐，文字面朝上，引线尽量短；焊接完毕后，注意检查焊接质量，检查有无虚焊、错焊，尤其是大规模集成电路的管脚有无短路现象。

（2）静态检查

静态检查的目的是保证全机各电路板及整机直流电路处于正常状态。检察人员确认装配完毕的电路板完全无误后可进行静态检查。首先，分块进行静态检查，电路板先不插器件，加上外接电源（有电压、电流指示）检测有无短路及半短路现象。其次，分别在各电路板上插上电源模块（如果有），检查各模块的输出是否正常，然后分批插入器件（注意插器件时应关掉电源），依次检查电源的电压及电流有无异常，还要注意电路板上有无异常现象（发热、冒烟、打火等），直至全部器件插入，各电压、电流值正常，电路板上无异常现象为止。如果系统较大（有多块印刷电路板及机架、面板），则应单独检查机架及面板（如加入必需的电源），合格后才能插上各印刷电路板，再次进行静态检查，直至无误为止。

（二）软件抗干扰措施

在电子系统中，大量的干扰源并不能造成硬件系统的损坏，但它们常常使电子系统不能正常运行。虽然系统硬件抗干扰措施能够消除大部分干扰，但不可能完全消除干扰。因此，电子系统抗干扰设计必须把硬件抗干扰和软件抗干扰结合起来。目前，对软件抗干扰问题的研究已引起人们的重视。具体到电子系统中，常用的软件抗干扰措施有以下几种：

1.采用数字滤波

干扰侵入电子系统前向通道时，叠加在信号上的数据采集的误差加大，特别是在前向通道的传感器接口是小电压信号输入时，干扰现象尤为严重。抑制干扰常用的方法是采用硬件电路进行滤波，但要获得较好的抑制效果，所加的硬件电路十分复杂。常用的方法有以下几种：

（1）程序判断滤波

这种滤波方法是根据人们的经验，确定出两次采样输入信号可能出现的最大偏差 δ_y。若本次输入信号与上次输入信号的偏差超过 δ_y，则放弃本次采样值。程序判断滤波可分为限幅滤波和限速滤波两种。

（2）中值滤波

对一个采样点连续采集多个信号，取其中间值作为本次采样值。

（3）算术平均滤波法

对一个采样点连续采样多次，计算其平均值，以其平均值作为该点采样结果。

（4）比较舍取法

当系统测量结果中有个别数据存在偏差时，为了排除个别错误数据，可对每个采样点连续采样几次，剔除个别不同的数据，取相同的数据为采样结果。例如，"采二取一"即对每个采样点连续采样三次，取两次相同的数据为采样结果。此法特别适用于数字信号输入的情况。

（5）一阶递推数字滤波

这种方法是利用软件完成 RC（resistor-capacitance，电阻-电容）低通滤波器的算法，能够实现用软件方法替代硬件 RC 滤波器。

（6）加权平均滤波

有时，为了消除采样值中的随机误差，又不降低系统对当前输入信号的灵敏度，可将各采样点的采样值与邻近的采样点做加权平均。这种方法可以根据需要突出信号的某一部分，抑制信号的另一部分。

（7）复合滤波

为了提升滤波效果，往往将两种以上的滤波方法结合在一起使用，即复合滤波。例如，将中值滤波与算术平均滤波法结合在一起，去除采样点的最大值与最小值，然后求出其余采样值的算术平均值，则可取得较好的滤波效果。

2.设置自检程序

在软件中加设自检程序，在系统运行前和运行中不断循环测试电子系统内部特定部位的运行状态，对出现的错误状态进行及时处理，以保证系统运行的可靠性。

3.设置监视定时器

这是一种使用监视定时器中断来监视程序运行状态的抗干扰措施。定时器的定时时间稍长于主程序正常运行一个循环的时间，在主程序中加入定时器时间常数刷新操作，只要程序正常运行，定时器就不会出现定时中断，当程序失常时，定时器因不能得到刷新而导致定时中断，利用定时器中断产生的信号将系统复位，或利用定时器中断服务程序做相应的处理，即可使系统恢复正常运行。

4.设置软件陷阱

当系统受到干扰侵害、导致程序指针改变时，往往造成程序运行失常，如果程序指针超出应用程序代码区而进入数据区，将造成程序盲目运行，最后由偶然巧合进入死循环。在这种情况下，只要在非代码区设置拦截程序措施，使程序进入陷阱，就可以迫使程序进入初始状态或进入错误处理程序。

软件陷阱的设置方法是在数据区的前后都设置相当数量的空操作代码，并最后加入一条转向错误处理程序的指令代码。其中，空操作指令代码的长度应保证在任何情况下程序进、出数据区都能执行到其后的跳转指令，一般为指令系统中占字节数最多的指令代码长度。

5.利用复位指令

有的微处理器系统有复位指令，将复位指令代码填满程序存储器中没有使用的区域，当程序指针受到干扰而进入这些区域时，系统执行复位指令，使系统回到复位状态。

以上介绍了一些常用的软件抗干扰措施，它与硬件抗干扰措施相比，可以不增加任何硬件设备，既降低了系统成本，又提高了系统的可靠性。同时，软件抗干扰措施增减方便，并且可以随时改变选择的算法或参数，因此在电子系统中得到了广泛应用。但是，由于软件抗干扰措施需要增加中央处理器的运行时间，所以在某些对速度要求较高的应用场合往往不能采用或很少采用；软件抗干扰措施对某些干扰难以奏效，不可能完全取代硬件抗干扰措施。因此，设计者应根据实际情况权衡利弊，选择使用各种软、硬件抗干扰措施。

二、抗非线性接收机的扩谱信号设计

非线性接收机对扩谱信号的处理操作可以产生一个谱区间或者几个谱区间。即使在非线性处理操作之前这些谱区间中没有出现扩谱信号，经处理操作后这些谱区间中的信噪比也是较大的。这种类型的接收机叫作特征检测器，它所执行的处理操作叫作特征检测。

DS（direct sequence，直接序列）调制具有降低信号的功率谱密度的潜在能力，可以使信号功率谱密度降低到与线性接收机的噪声电平相当的程度，从而使敌方无法对其进行可靠的检测或处理。但是，非线性接收机即使在侦收带宽中的信号功率低于热噪声功率时也能有效工作。另外，在有些情况下，当信号功率低于噪声加干扰功率电平时，也有可能进行检测，而能否进行检测取决于干扰的类型和干扰的程度。因此，DS 调制不能像它对付线性检测接收机那样有效地对付非线性接收机。于是，采用 FH（frequency hopping，跳频）调制和 TH（time hopping，跳时）调制就是非常有用的方法，因为这些调制会影响非线性检测接收机所使用的信道化、滤波和积分等对策。

（一）抗非线性检测的 FH 信号设计

由于总功率辐射计能够在整个跳频带宽内提取信号功率，所以当工作频率从这个频段的一个频率跳到另一个频率时，接收机的输出几乎不变。在使用非常有用的测量跳频频率的倍频器的情况下，中心频率为二倍频的滤波器带宽应足够大，使倍频后的信号频谱能够通过。

快速相干跳频能够从以下三个方面提供抗非线性检测接收机的低检测概率保护：第一，通过相干跳频就可以使用相干基带调制，从而可以在给定误码率时使每比特的能量较小。此时，由于用来发射通信信号的功率较小，故可以使检测接收机处的输入信噪比较小。第二，相干跳频能够对每一个驻留载波的所有比特能量进行直接合成，而且不会产生像非相干合成时那样的损失。采用相干跳频还有利于降低发射功率，或者提高数据速率，或者同时有利于这两方面。第三，高跳速可以是每比特几跳，因此在给定每比特能量时，每跳的功率都较小。

（二）抗非线性检测的 DS 信号设计

只要辐射计的输入带宽包含 DS 信号扩展所用的全部频率，那么从理论上说，这部接收机就能够检测到这个 DS 信号，此时只要取积分时间足够长即可。但是，所需积分时间的长短一般都与扩谱带宽的大小有关。当扩谱带宽增大时，积分时间也要成正比增加，其主要原因是输入信噪比与信号带宽的平方成反比，而接收机的输入带宽直接随信号带宽的增大而增大。实际上，当带宽增大到一定程度时，出现相当多干扰源的似然率必然会增大，从而使辐射计的性能变差。而且，由于所需的积分时间可能太长，所以无法保证在这么长的积分时间内接收机能保持所要求的稳定的工作性能。

在 LPD（low probability of detection，低检测概率）通信领域，通常还采用功率控制的方法来反截获、反检测和反利用。这里所说的功率控制是指发射信号的最大功率刚好能使接收机达到所要求的单位噪声功率谱密度的每比特能量值。从理论上说，在路径损失变化时，功率控制也应能连续地跟踪调整。实施功率控制的目的就是使发信功率尽可能降低，使其既达到通信的要求，又不会产生过多的功率，从而提高接收机的检测概率。

（三）抗非线性检测的 TH 信号设计

使用跳时产生一个占空周期较小的信号非常有可能会大大降低非线性检测接收机处的输出信噪比，因为辐射计检测接收机的输出信噪比与输入信噪比为平方关系。

跳时方法可以与直接序列及跳频方法一起使用，从而使输出信噪比以正比于占空周期平方的速率降低。另外，不同方法结合使用可以使跳频的占空周期更短，而且可不停地跳动，以此来迷惑检测接收机，这样就有可能使接收机无法确定信号周期是否足够长，以及它在下一步究竟是采用积分处理还是采用窄带滤波处理。由于输出信噪比只在信号出现期间随积分时间的增加而增大，所以在信号消失以后，后续的积分会使输出信噪比降低。所以，一个不停跳动着的跳时信号能够缩短检测接收机想要使用的积分时间。检测接收机的最大有用积分时间就是最长的传输时间间隔，因此可以选择最长的传输时间间隔，使在给定输入信噪比和信号扩谱带宽时不会产生满足要求的输出信噪比。

　　某些非线性特征检测器会产生一根相干谱线，这根谱线给出了所截获的扩谱信号某一参数的变化速率，如跳频信号的跳速和直接序列信号的切普速率，在跳频的情况下，尽管载波频率值是随机选取的，但是载波变化的时间可能是周期性的，而且该周期性可以用恒定跳速来确定。如果非线性检测器能够提取出跳频速率信息，则对识别和截获信号非常有用。同样的道理，直接序列信号的切普速率可能是一个定值，因为切普速率不变可以减少制造通信设备的困难，特别是接收机的匹配滤波器或者有源相关器。固定不变的切普速率可能会使非线性检测器在频率等于该切普速率处产生一条很强的谱线，而如果在很窄的带宽内集中这么强的功率，就能对信号进行检测以及对切普速率进行精确测量，即使输入信号淹没在接收机的背景噪声中也能进行检测和测量。

第五节　电子通信工程中的
抗干扰接地设计

　　电子通信工程当中，接地占据着重要地位。如果通信设备运行时发生故障问题，相关管理人员就可以通过对接地设备的调试，以及对连接方式、接地位置等方面的调整，将导致通信设备故障的干扰因素全部排除。因此，要想进一步对电子信息通信工程当中存在的问题进行优化，就需要先改善相关设备的工作环境，并对接地方式、连接方式、接地位置配置等方面进行优化。

对于接地方式来说，在没有电源的情况下，要保障地线的安全，在应用过程中可以借着地线信号源回流的方式，形成地线电位差异。此外，由于电子通信工程施工一般是在高压环境下进行的，所以接地方式的不同，其抗干扰的差异性也不同。所以，积极对抗干扰接地设计在通信工程中的应用进行研究，具有重要意义。

抗干扰接地设计，能够使得通信设备的运行稳定性以及安全性得到进一步提高，并且还能够有效强化通信设备的整体安全系数。同时，制定合理的抗干扰接地设计方案，不仅能够规避信息传递与信号传输过程中的不确定因素，还能够使得通信设备的抗干扰性能得到进一步的强化，保证设备的安全运行。在电子通信设备应用过程中，接地设备能够实现抗干扰的目的。

一、抗干扰接地的必要性

首先，在电子通信工程当中，造成电子通信干扰的因素分为人为因素和自然因素两种类型。并且，这两种干扰因素均会对通信设备的正常运行造成一定程度的影响，如引发设备故障、降低信息传输的准确性以及导致通信设备瘫痪等。

其次，电子信息通信设备的区域性故障，也会使得就近的电子设备运行受到干扰，因此随着信息技术的快速发展，加强对电子通信工程的抗干扰接地技术研究非常有必要。此外，由于在电子通信领域中，电气设备相对复杂，所以不同的设备对接地抗干扰的需求也不同。所以，在进行具体抗干扰接地设计时，需要严格遵守相关标准，这样可以将通信安全事故发生的概率降到最低。同时，将信号检测装置和信号源接地之后，能够有效保证电子信息通信系统的连接参数、走向的正确性，以促进通信设备的抗干扰性能得到提高。

二、抗干扰接地设计的内容

（一）接地系统设计

在电子通信工程当中，技术人员在设计接地系统时需要考虑各方面可能存在的影响因素，这样可以有效避免后期系统运行时存在电位差，导致信号干扰。在对流量计、传感器等设备进行布设时，需要对接地装置的两端进行隔离处理，并根据等电位方式对不同的接触器件进行处理。此外，接地电阻的设计会对接地保护系统的安全性造成一定程度的影响。接地保护的效果和接地电阻值之间存在负相关关系，简单来说，接地电阻值越小，接地的效果就越好。一般来说，端子和接地板两者之间的阻值不超过 1Ω。

（二）降低接地线阻抗的方法设计

在进行抗干扰接地作业时，由于地线阻抗会导致电势差出现。所以，要有效避免电势差出现，就需要对接地线电阻实施有效控制，只有这样才能够更好地提升信息通信的稳定性。要更好地实现对接地线阻抗的控制，就需要以接地线横截面为起点，进行抗干扰接地设计，以此来降低接地线阻抗。此外，增加地线铜片的横截面积，也可以有效降低地线的阻抗，从而使电子信息通信设备的实际抗干扰能力得到提升。

（三）地环路干扰控制设计

对接地线阻抗进行控制时，会发生地环路的问题。对于环路结构来说，电阻元件和接地平面之间会存在电容的问题。如果电容经过大量的电流，就会发生接地线回路问题，导致在接地时产生大量的电压，从而影响电子信息通信的质量。从地线方面来看，电流在通过时会发生电磁感应。因此，地环路设计应考虑电磁感应的影响，提高地线感应的压力，但这会对电子通信工程的电磁兼容性造成一定程度的影响，从而增加安全隐患。在设计接地时，应当加强对环路问题的控制，利用光耦合器、限流设备等实现对电磁场的控制，这样能够有效避免地环路的干扰。

（四）接地线布线设计

在电子通信工程建设过程中，会涉及不同类型的设备，而不同设备在进行接地时方法还存在差异。因此，接地线布线工作会相对复杂。并且，不同的设备的接地线还存在公共部分，如果电子通信工程建设中抗干扰接地设计缺乏合理性，就会导致该工程的稳定性受到严重的影响。在具体布线操作时，相关工作人员应当重视布线中的每个细节问题，然后对实地情况进行深入勘探，这样才能够有效保证接地数据和具体设计的位置之间更好地匹配。

参 考 文 献

[1] 班冰冰，王雪莲．对电子通信工程中设备抗干扰接地的有效设计探讨[J]．中国高校科技，2017（S1）：45-46．

[2] 曹艳梅．电子信息通信工程中设备抗干扰接地设计分析[J]．科学技术创新，2017（35）：176-177．

[3] 柴红．通信工程设计标准化研究[J]．中国设备工程，2020（17）：218-220．

[4] 陈远昌．电子通信工程中设备抗干扰接地设计分析[J]．通讯世界，2016（19）：84．

[5] 邓立科．电子通信工程中设备抗干扰接地的有效设计[J]．硅谷，2014，7（8）：153，158．

[6] 房新荷，张景景．电子信息通信工程中设备抗干扰接地设计探讨[J]．中小企业管理与科技（上旬刊），2019（11）：138-139．

[7] 高益．电子信息通信工程中设备抗干扰接地设计方法研究[J]．农家参谋，2020（16）：241．

[8] 葛洪澔．关于通信工程建设项目电子辅助开评标系统的设计与实现[D]．哈尔滨：黑龙江大学，2019．

[9] 康忠学，杨万全．通信工程建设实务[M]．成都：四川大学出版社，2013．

[10] 李翠锦，董钢，李奇兵．电子与通信综合实训项目教程：基于企业真实案例[M]．成都：西南交通大学出版社，2018．

[11] 李淑娣．XML 基础教程[M]．2 版．北京：人民邮电出版社，2013．

[12] 刘文兵．电子信息通信工程中设备抗干扰接地设计方法研究[J]．中国新通信，2020，22（4）：20．

[13] 刘洋，戴浩．电子信息通信工程中设备抗干扰接地设计技术研究[J]．无

线互联科技，2021，18（20）：3-4.

[14] 梅娟. 探究电子信息通信工程中的设备抗干扰接地设计[J]. 长江信息通信，2021，34（3）：174-176，180.

[15] 强柯. 电子信息通信工程中设备抗干扰接地设计方法研究[J]. 电子制作，2019（16）：71-72.

[16] 冉世熙. 设备抗干扰接地设计在电子信息通信工程中的现状及改进策略[J]. 时代农机，2019，46（12）：117，120.

[17] 沈鹏. 探究电子信息通信工程中的设备抗干扰接地设计[J]. 中国新通信，2020，22（24）：3-4.

[18] 王亚飞，杨曙辉，李学华. 电子设计竞赛促进通信工程专业人才培养[J]. 实验科学与技术，2010，8（5）：130-131，134.

[19] 王一凡. 汽车电子信息通信工程中的设备抗干扰接地设计方法[J]. 内燃机与配件，2019（20）：213-214.

[20] 徐明，缪文祥. 电子通信工程中设备抗干扰接地的有效设计[J]. 计算机产品与流通，2017（10）：59.

[21] 张林华，杨悦，龚初光，等. 多功能电子阅览室的设计与实现：南京通信工程学院图书馆的建设情况简介[J]. 大学图书馆学报，1998（6）：3.

[22] 张鹏. 通信工程设计标准化研究[J]. 数字通信世界，2018（9）：277.

[23] 张艳. 电子信息通信工程的抗干扰接地设计[J]. 信息记录材料，2023，24（6）：185-187.